项目建设教学改革成果
电气技术专业一体化教材

DIANLI TUODONG JIBEN KONGZHI XIANLU ANZHONG YU TIAOSHI

# 电力拖动基本控制线路安装与调试

◎ 主　编　黄清锋　金晓东　盛继华
◎ 副主编　吴浙栋　盛宏兵　王　鹏

西安交通大学出版社
XI'AN JIAOTONG UNIVERSITY PRESS

**图书在版编目(CIP)数据**

电力拖动基本控制线路安装与调试 / 黄清锋,金晓东,盛继华主编.
—西安:西安交通大学出版社,2017.5(2023.8重印)
ISBN 978 - 7 - 5605 - 9733 - 1

Ⅰ.①电… Ⅱ.①黄… ②金… ③盛… Ⅲ.①电力拖动—控制电
路—安装②电力传动—控制电路—调整试验 Ⅳ.①TM921.5

中国版本图书馆 CIP 数据核字(2017)第 132106 号

| | | |
|---|---|---|
| 书　　名 | 电力拖动基本控制线路安装与调试 | |
| 主　　编 | 黄清锋　　金晓东　　盛继华 | |
| 策划编辑 | 曹　昳 | |
| 责任编辑 | 李　佳 | |
| 出版发行 | 西安交通大学出版社 | |
| | (西安市兴庆南路 1 号　邮政编码 710048) | |
| 网　　址 | http://www.xjtupress.com | |
| 电　　话 | (029)82668357　82667874(市场营销中心) | |
| | (029)82668315(总编办) | |
| 传　　真 | (029)82668280 | |
| 印　　刷 | 西安日报社印务中心 | |
| 开　　本 | 880mm×1230mm 1/16　印张 10.25　字数 207 千字 | |
| 版次印次 | 2017 年 11 月第 1 版　　2023 年 8 月第 7 次印刷 | |
| 书　　号 | ISBN 978 - 7 - 5605 - 9733 - 1 | |
| 定　　价 | 29.80 元 | |

如发现印装质量问题,请与本社市场营销中心联系。
订购热线:(029)82665248　(029)82667874
投稿热线:(029)82669097
读者信箱:lg_book@163.com　QQ:19773706

# 金华市高级技工学校项目建设教学改革成果

## 电气技术专业一体化课程系列教材编委会

名誉主任：仇贻泓

主　　任：周金龚

副 主 任：陈爱华

委　　员：项　薇　王志泉　兰景贵　王　晨　吴　钧

　　　　　洪在有　石其富　巫惠林　王丁路　何耀明

　　　　　朱孝平　余晓春　金尚昶　鲍慧英　范秀芳

## 《电力拖动基本控制线路安装与调试》编写组

主　　编：黄清锋　金晓东　盛继华

副主编：吴浙栋　盛宏兵　王　鹏

参　　编：楼　露　吴小燕　喻旭凌

　　　　　徐　灵　杨　越　何锦军

　　　　　柳和平　陈　洁　余小飞

主　　审：吴兰娟

为了贯彻落实全国职业教育工作会议精神，努力使电力拖动控制线路安装与维修教学更加贴近生产、贴近实际、贴近学习者。我们组织了一批具有丰富教学和生产实践经验的一线教师、高技能人才、技术人员和企业一线专家，认真研讨、实践和论证，编写了这本全新的一体化教材。

【编写特点】

一是本书充分汲取实践教学成功经验和教学成果，从分析典型工作任务入手，构建培养计划，确定课程教学目标；二是以国家职业标准为依据，大力推进课程改革，创新实践教学模式，坚持"做中学、做中教、做中评"，将消耗性实训变为生产型实践；三是贯彻先进的教学理念，本教材符合一体化教学要求，提炼机床电气控制线路安装与维修工作中的典型工作任务，采取项目教学。以技能训练为主线、相关知识为支撑，较好地处理了理论教学与技能训练的关系，切实落实"管用、够用、适用"的教学指导思想；四是突出教材的先进性，较多地编入新技术、新材料、新设备、新工艺的内容，以期缩短学校教育与企业需要的距离，更好地满足企业用人的需要；五是在设计任务时，设定模拟工作场景，提高学生的学习兴趣。

【教材内容】

本教材为技工院校电气自动化设备安装与维修专业教材。主要内容包括6个典型工作任务：三相异步电动机点动连续控制线路安装与维修，三相异步电动机正反转控制线路安装与维修，三相异步电动机顺序控制线路安装与维修，三相异步电动机降压启动控制线路安装与维修，三相双速异步电动机控制线路安装与维修，三相异步电动机制动控制线路安装与维修。

本教材由黄清锋、金晓东、盛继华主编，吴浙栋、盛宏兵、王鹏副主编，楼露、吴小燕、喻旭凌、徐灵、柳和平、陈洁、余小飞参加编写，吴兰娟主审。

由于编者水平有限，书中难免有疏漏和不妥之处，恳请各位读者提出宝贵意见，以便修订时改正。

金华市高级技工学校编委会

2016年12月

# C目录
## Contents

任务一

# 三相异步电动机点动连续控制
# 线路安装与维修

# 工作任务单

　　金工车间某机床控制电路出现问题，需进行维修。经维修电工检查后发现，该机床主轴电机控制电路已烧毁，需重新进行布线安装。现车间将任务交于维修电工班完成，维修电工班长安排正在实习的学生安装此电路，要求在接到任务后3个工作日内完成并交付负责人。

　　任务实施过程中，应严格遵循《机械制图》GB4457～4460—84，《电气图用图形符号》GB4728.1—85、《低压配电设计规范》GB50054—2011、电气安全工作规程、电气工程安装规程、《电气装置安装工程电气设备交接试验标准》 GB50150—2006。维修部门任务通知单如下：

### 金华市高级技工学校维修部门协作通知单

存根联： No：

| 报修部门 | | 报修人员 | |
|---|---|---|---|
| 维修地点 | 金工车间实训室 | | |
| 通知时间 | | 应完成时间 | |
| 维修（加工）内容 | 某机床控制电路出现问题，需进行维修。 | | |

### 金华市高级技工学校维修部门协作通知单

通知联： No：

| 协作部门 | □数控教研组　☑电气教研组　□机电教研组　□模具教研组 | | |
|---|---|---|---|
| 报修部门 | | | |
| 维修地点 | | 报修人员 | |
| 通知时间 | | 应完成时间 | |
| 维修（加工）内容 | 教研组主任签名： | | |
| 备注 | 1. 教研组及时安排好协作人员。<br>2. 协作人员收到此单后，需按规定时间完成。<br>3. 协作人员工作完毕，认真填好验收单，请使用人员验收签名后交回维修部门。 | | |

## 学习目标

（1）通过阅读、分析任务单，确认设备类别、安装要求等，通过勘查现场了解、核实现场情况、记录现场数据。

（2）根据任务要求，明确工作内容、工作步骤的工时、人员组织等，与小组成员共同制定出项目工作计划。

（3）能识别按钮、组合开关、接触器等电工器材，识读电气图；正确使用电工常用工具，并根据任务要求，列举所需工具和材料清单，准备工具。

（4）根据现场环境和用户要求确定布线方式，根据设备类别，利用"需要系数法"确定计算负荷，根据现场数据及计算负荷确定导线规格数量、开关及保护器件等。依据《低压配电设计规范》等和用户要求确定配电方案（电线穿管暗敷设方式、电气图纸、设备材料清单）。

（5）依照《电气装置安装工程电气设备交接试验标准》、《建筑电气工程施工质量验收规范》配合验收，并整理竣工文件材料，移交给用户。

（6）配电方案应体现环保节能意识，项目实施过程应执行7S标准。

（7）能进行自检并自我完善，能相互沟通，明确改进方向。

## 学习时间

18课时

工作流程与活动：

教学活动一：明确任务（1课时）

教学活动二：制定计划（1课时）

教学活动三：工作准备（4课时）

教学活动四：实施计划（8课时）

教学活动五：检查控制（2课时）

教学活动六：评价反馈（2课时）

## 学习地点

电工实训室

## 学材

中国劳动社会保障出版社出版的《电力拖动基本控制线路》教材，学生学习工作页，电工安全操作规程，《GB50150-2006电气设备安装标准》。

## 教学活动一 明确任务

### 学习目标

通过阅读、分析任务单，确认设备类别、安装要求等。

### 学习地点

电工实训室

### 学习课时

1课时

### 学习过程

## 一、认真阅读工作情景描述及任务单，完成以下内容。

任务单

编号：0001

| 设备名称 | 普通车床 | 制造厂家 | 大连机床厂 | 型号规格 | CD6140 |
|---|---|---|---|---|---|
| 设备台数 | 30 | | | | |
| 主轴电动机型号 | Y90L-4 | 主轴电动机额定功率 | 1.5 kW | 额定电压 | 3×380V |
| 冷却泵动机型号 | JCB-25 | 冷却泵电动机功率 | 90 W | 额定电压 | 3×380V |
| 供电方式 | 三相四线制供电方式 | | | | |
| 施工项目 | 安装某机床主轴点动连续控制电路，并进行调试及检修。 | | | | |

| 开工日期 | | 竣工日期 | | 施工单位 | |
|---|---|---|---|---|---|
| 验收日期 | | 验收单位 | | 接收单位 | |
| 车间用电设备的基本情况介绍 | | | | | |

问题1：设备的名称型号是什么，共有几台设备？

问题2：一台普通车床共有几台电动机，额定功率各是多少，统计后填入下表内？

| 电动机台套号 | 在机床中的作用 | 型号 | 额定功率/kW |
|---|---|---|---|
| 1# | | | |
| 2# | | | |

问题3：该设备的供电方式是何种方式？

## 二、根据工作任务单中的设备类型和电动机额定功率

问题1：查阅相关资料，明确安装设备属于何种用电设备的类型。

问题2：查阅资料，判断一下所安装的机床属于何种工作制的用电设备？

 **小提示**

用电负荷工作制的分类

1. 长期连续工作制设备：这类设备能长期连续运行，每次连续工作时间超过8h，而且运行时负荷比较稳定。例如：车间常用的普通车床的动力部分有三台电动机，主轴电动机，冷却泵电动机，快速进给电动机，这些电动机一般都要求能长期连续工作。

2. 短时工作制设备：这类设备的工作时间较短，而停歇时间相对较长，如有些机床上的辅助电动机，就属于短时工作制设备。

3. 反复短时工作制设备：这类设备的工作呈周期性，时而工作时而停歇，如此反复，且工作时间与停歇时间有一定比例，如电焊设备、吊车、电梯等。

**教学活动二 制定计划**

**学习目标**

根据任务要求，明确工作内容、工作步骤的工时、人员组织等，与小组成员共同制定出工作计划。

**学习地点**

电工实训室

**学习课时**

1课时

**学习过程**

## 一、学生分组（每小组6人）

1. 在教师指导下，自选组长，由组长与班里同学协商，组成学习小组，确定小组名称。

分组名单

| 小组名 | 组长 | 组员 |
| --- | --- | --- |
|  |  |  |
|  |  |  |
|  |  |  |
|  |  |  |
|  |  |  |
|  |  |  |
|  |  |  |

2.确定小组各成员职责

| 小组成员 | 姓名 | 职责 |
|---|---|---|
| 组长 | | |
| 安全员 | | |
| 工具员 | | |
| 材料员 | | |
| 组员 | | |
| 组员 | | |

## 二、根据工作任务制定工作计划

工作计划表

| 序号 | 工作内容 | 工期 | 人员安排 | 地点 | 备注 |
|---|---|---|---|---|---|
| | | | | | |
| | | | | | |
| | | | | | |
| | | | | | |
| | | | | | |
| | | | | | |
| | | | | | |

教学活动三　工作准备

学习目标

1.能识别按钮、组合开关、接触器、熔断器、热继电器等元器件，并掌握其选型。

2.学会绘制、识读电气控制电路的电路图、接线图和布置图。

3.能根据电动机容量选用元器件，能列出工具和材料清单。

**学习地点**

电工实训室

**学习课时**

4课时

**学习过程**

**学习与思考**

## 一、学一学：

1. 常见的几种低压电器

常见的几种低压电器，如图1-1所示。

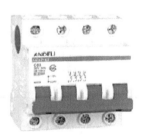
（a）低压断路器

（b）开启式负荷开关

（c）低压熔断器

（d）按钮

（e）交流接触器

（f）电气接线端子

图1-1 常见的几种低压电器

## 2. 低压断路器

（1）低压断路器的功能

低压断路器又叫自动空气开关，简称断路器。它集控制和多种保护功能于一体，当电路中发生短路、过载和失压等故障时，它能自动跳闸切断故障电路。

（2）符号，如图1-2所示

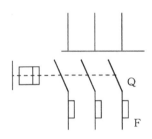

图1-2　低压断路器符号

（3）型号含义，如图1-3所示

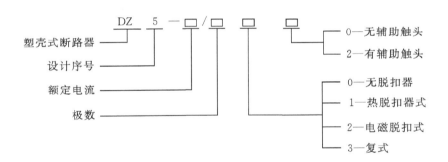

图1-3　低压断路器型号含义

（4）DZ5－20型低压断路器技术数据

| 型号 | 额定电压/V | 主触头额定电流/A | 极数 | 脱扣器形式 | 热脱扣器额定电流（括号内为整定电流调节范围）/A | 电磁脱扣器瞬时动作整定值/A |
| --- | --- | --- | --- | --- | --- | --- |
| DZ－20/330<br>DZ－20/230 | AC380<br>DC220 | 20 | 3<br>2 | 复式 | 0.15（0.10～0.15）<br>0.20（0.15～0.20）<br>0.30（0.20～0.30）<br>0.45（0.30～0.45）<br>0.65（0.45～0.65）<br>1（0.65～1）<br>1.5（1～1.5）<br>2（1.5～2）<br>3（2～3） | 为电磁脱扣器额定电流的8～12倍（出厂时整定于10倍） |

| DZ－20/330 DZ－20/230 | AC380 DC220 | 20 | 3 2 | 复式 | | |
|---|---|---|---|---|---|---|
| DZ－20/320 DZ－20/220 | AC380 DC220 | 20 | 3 2 | 电磁式 | 4.5（3～4.5） 6.5（4.5～6.5） 10（6.5～10） 15（10～15） 20（15～20） | 为电磁脱扣器额定电流的8～12倍（出厂时整定于10倍） |
| DZ－20/310 DZ－20/210 | AC380 DC220 | 20 | 3 2 | 热脱扣器式 | | |
| DZ－20/300 DZ5－2/200 | AC380 DC220 | 20 | 3 2 | 无脱扣器式 | | |

（5）低压断路器的选用

① 低压断路器的额定电压应不小于线路、设备的正常工作电压，额定电流应不小于线路、设备的正常工作电流。

② 热脱扣器的整定电流应等于所控制负载的额定电流。

例1-1 用低压断路器控制一台型号为Y132S－4的三相异步电动机，电动机的额定功率为5.5 kW，额定电压为380 V，额定电流为11.6 A，启动电流为额定电流的7倍，试选择断路器的型号和规格。

解：

① 确定断路器的种类：确定选用DZ5－20型低压断路器。

② 确定热脱扣器额定电流：选择热脱扣器的额定电流为15 A，相应的电流整定范围为10～15 A。

③ 校验电磁脱扣器的瞬时脱扣整定电流：电磁脱扣器的瞬时脱扣整定电流为

$$I_z = 10 \times 15 = 150 \text{ A}$$

而

$$KI_{st} = 1.7 \times 7 \times 11.6 = 138 \text{ A}$$

满足$T_z \geq KI_{st}$，符合要求。

④ 确定低压断路器的型号规格：应选用DZ5－20/330。

### 3. 开启式负荷开关

（1）符号及型号含义

（2）HK系列开启式负荷开关的主要技术数据

| 型号 | 极数 | 额定电流/A | 额定电压/V | 可控制电动机最大容量/kW | | 配用熔丝规格 | | | |
|---|---|---|---|---|---|---|---|---|---|
| | | | | | | 熔丝成分/% | | | 熔丝线径/mm |
| | | | | 220V | 380V | 铅 | 锡 | 锑 | |
| HK1-15 | 2 | 15 | 220 | — | — | | | | 1.45～1.59 |
| HK1-30 | 2 | 30 | 220 | — | — | | | | 2.30～2.52 |
| HK1-60 | 2 | 60 | 220 | — | — | 98 | 1 | 1 | 3.36～4.00 |
| HK1-15 | 3 | 15 | 380 | 1.5 | 2.2 | | | | 1.45～1.59 |
| HK1-30 | 3 | 30 | 380 | 3.0 | 4.0 | | | | 2.30～2.52 |
| HK1-60 | 3 | 60 | 380 | 4.5 | 5.5 | | | | 3.36～4.00 |

（3）选用

HK开启式负荷开关用于一般的照明电路和功率小于5.5 kW的电动机控制线路中。

① 用于照明和电热负载；

② 用于控制小功率电动机的直接启动和停止。

（4）组合开关，如图1-4所示

图1-4　组合开关

① 作用：主要用于机床设备的电源引入开关，也可用来通断5kW以下电机电路或小电流电路。

② 符号，如图1-5所示。

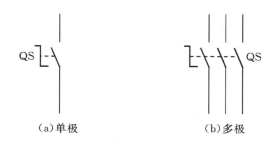

（a）单极    （b）多极

图1-5　开启式负荷开关符号

③ 结构：它由动触片、静触片、转轴、手柄、凸轮、绝缘杆等部件组成。当转动手柄时，每层的动触片随转轴一起转动，使动触片分别和静触片保持接通和分断。为了使组合开关在分断电流时迅速熄弧，在开关的转轴上装有弹簧，能使开关快速闭合和分断。

4. 低压熔断器

（1）熔断器是低压配电网络和电力拖动系统中主要用作短路保护的电器

使用时，熔断器应串联在被保护的电路中。正常情况下，熔断器的熔体相当于一段导线；而当电路发生短路故障时，熔体能迅速熔断分断电路，起到保护线路和电气设备的作用。

（2）低压熔断器符号和型号含义，如图1-6所示

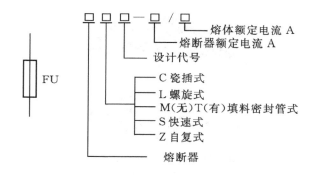

图1-6　型号RC1A—15/10、RL1—60/300符号和型号含义

（3）熔断器的主要技术参数

① 额定电压：熔断器长期工作所能承受的电压。

② 额定电流：保证熔断器能长期正常工作的电流。

③ 分断能力：在规定的使用和性能条件下，在规定电压下熔断器能分断的预期分断电流值。

（4）熔断器的熔断电流与熔断时间的关系

| 熔断电流 $I_S$/A | $1.25I_N$ | $1.6I_N$ | $2.0I_N$ | $2.5I_N$ | $3.0I_N$ | $4.0I_N$ | $8.0I_N$ | $10.0I_N$ |
|---|---|---|---|---|---|---|---|---|
| 熔断时间 $t$/s | $\infty$ | 3600 | 40 | 8 | 4.5 | 2.5 | 1 | 0.4 |

（5）常见低压熔断器的主要技术参数

| 类别 | 型号 | 额定电压/V | 额定电流/A | 熔体额定电流等级/A | 极限分断能力/kA | 功率因数 |
|---|---|---|---|---|---|---|
| 瓷插式熔断器 | RC1A | 380 | 5 | 2、5 | 0.25 | 0.8 |
| | | | 10<br>15 | 2、4、6、10<br>6、10、15 | 0.5 | |
| | | | 30 | 20、25、30 | 1.5 | 0.7 |
| | | | 60<br>100<br>200 | 40、50、60<br>80、100<br>120、150、200 | 3 | 0.6 |
| 螺旋式熔断器 | RL1 | 500 | 15<br>60 | 2、4、6、10、15<br>20、25、30、35、40、50、60 | 2<br>3.5 | ≥0.3 |
| | | | 100<br>200 | 60、80、100<br>100、125、150、200 | 20<br>50 | |
| | RL2 | 500 | 25<br>60<br>100 | 2、4、6、10、15、20、25<br>25、35、50、60<br>80、100 | 1<br>2<br>3.5 | |

（6）熔断器的选用

① 熔断器类型的选用

根据使用环境、负载性质和短路电流的大小选用适当类型的熔断器。

② 熔断器额定电压和额定电流的选用

熔断器的额定电压必须等于或大于线路的额定电压。

熔断器的额定电流必须等于或大于所装熔体的额定电流。

③ 熔体额定电流的选用

a. 对照明和电热等的短路保护，熔体的额定电流应等于或稍大于负载的额定电流。

b. 对一台不经常启动且启动时间不长的电动机的短路保护，应有：

$$I_{RN} \geqslant （1.5 \sim 2.5） I_N$$

c. 对多台电动机的短路保护，应有：

$$I_{RN} \geqslant （1.5 \sim 2.5） I_{Nmax} + \sum I_N$$

例1-2  某机床电动机的型号为Y112M－4，额定功率为4 kW，额定电压为380 V，额定电流为8.8 A，该电动机正常工作时不需要频繁启动。若用熔断器为该电动机提供短路保护，试确定熔断器的型号规格。

解：

① 选择熔断器的类型：用RL1系列螺旋式熔断器。

② 选择熔体额定电流：

$$I_{RN} = （1.5 \sim 2.5） \times 8.8 \approx 13.2 \sim 22 \text{ A}$$

查常见低压熔断器的主要技术参数表（上表）得熔体额定电流为：

$$I_{RN} = 20 \text{ A}$$

③ 选择熔断器的额定电流和电压：查上表，

可选取RL1－60/20型熔断器，其额定电流为60A，额定电压为500V。

5. 按钮开关

（1）按钮开关是手动操作接通或分断小电流控制电路。主要利用按钮开关远距离发出手动指令或信号去控制接触器、继电器等电磁装置，实现主电路的分合、功能转换或电气联锁。

（2）按钮的结构和符号，如图1-7所示。

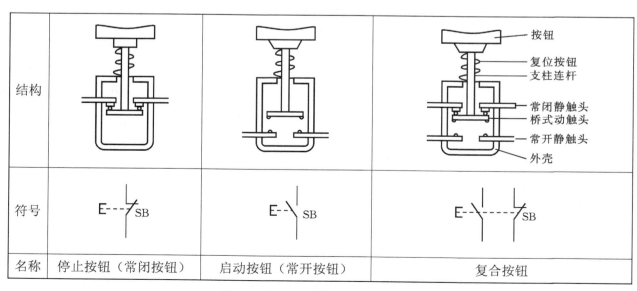

| 结构 | | | |
|---|---|---|---|
| 符号 | E---$\not\vdash$SB | E-$\searrow$SB | E-$\searrow\not\vdash$SB |
| 名称 | 停止按钮（常闭按钮） | 启动按钮（常开按钮） | 复合按钮 |

图1-7  按钮开关的结构与符号

下图1-8分别是急停按钮和钥匙操作式按钮。

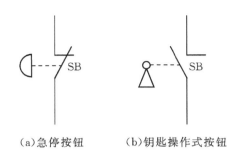

(a)急停按钮　　　(b)钥匙操作式按钮

图1-8　两种按钮开关

（3）型号和含义

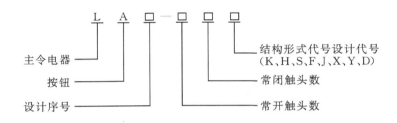

例：LA10-2F　LA10-3S　LA10-1K　LA10-2H型号

K—开启式

H—保护式

S—防水式

F—防腐式

J—紧急式

X—旋钮式

Y—钥匙操作式

D—光标按钮

（4）按钮颜色含义

| 颜色 | 含义 | 说明 | 应用举例 |
| --- | --- | --- | --- |
| 红 | 紧急 | 危险或紧急情况时操作 | 急停 |
| 黄 | 异常 | 异常情况时操作 | 干预、制止异常情况，干预、重新启动中断了的自动循环 |
| 绿 | 安全 | 安全情况或为正常情况准备时操作 | 启动/接通 |
| 蓝 | 强制性的 | 要求强制动作情况下的操作 | 复位功能 |

| 白 | 未赋予<br>特定含义 | 除急停以外的一般功能的启动 | 启动/接通（优先）停止/断开 |
| --- | --- | --- | --- |
| 灰 | | | 启动/接通　　停止/断开 |
| 黑 | | | 启动/接通停止/断开（优先） |

（5）按钮的选用

① 根据使用场合和具体用途选择按钮的种类。

② 根据工作状态指示和工作情况要求，选择按钮的颜色。

③ 根据控制回路的需要选择按钮的数量。

6. 接触器

（1）接触器是一种自动的电磁式开关。触头的通断不是由手来控制，而是电动操作的。

用途：接通或切断交、直流主电路和控制电路，可实现远距离控制。大多数情况下其控制对象是电动机，也可以用于其他电力负载。

（2）接触器的符号

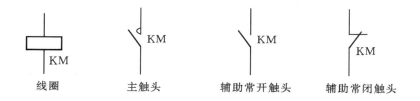

线圈　　　　主触头　　　辅助常开触头　　辅助常闭触头

（3）交流接触器的型号及含义

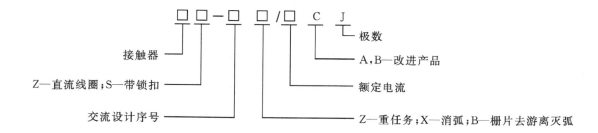

（4）CJ10系列交流接触器的技术数据

| 型号 | 触头额定电压/V | 主触头 | | 辅助触头 | | 线圈 | | 可控制三相异步电动机的最大功率/kW | |
|---|---|---|---|---|---|---|---|---|---|
| | | 额定电流/A | 对数 | 额定电流/A | 对数 | 电压/v | 功率/VA | 220V | 380V |
| CJ10-10 | 380 | 10 | 3 | 5 | 均为2常开2常闭 | 36、110、220、380 | 11 | 2.2 | 4 |
| CJ10-20 | | 20 | | | | | 22 | 5.5 | 10 |
| CJ10-40 | | 40 | | | | | 32 | 11 | 20 |
| CJ10-60 | | 60 | | | | | 70 | 17 | 30 |

（5）接触器的选择

① 选择接触器的类型，根据接触器所控制的负载性质选择接触器的类型。

② 选择接触器主触头的额定电压，接触器主触头的额定电压应大于或等于所控制线路的额定电压。

③ 选择接触器主触头的额定电流，接触器主触头的额定电流应大于或等于负载的额定电流。

④ 选择接触器吸引线圈的额定电压，当控制线路简单、可直接选用380V或220V的电压。若线路较复杂，可选用36V或110V电压的线圈。

⑤ 选择接触器触头的数量和种类，接触器的触头数量和种类应满足控制线路的要求。

（6）接触器自检

用万用表的欧姆档检测线圈及触头是否良好，用兆欧表测量各触头间及主触头对地电阻是否正常，用手按动主触头检查运动机构是否灵活。

7.电气接线端子

（1）含义

接线端子是为了方便导线的连接而应用的。它其实就是一段封在绝缘塑料里面的金属片，两端都有孔可以插入导线，有螺丝用于紧固或者松开，比如两根导线，有时需要连接，有时又需要断开，这时就可以用端子把它们连接起来，并且可以随时断开，而不必把它们焊接起来或者缠绕在一起，很方便快捷，而且适合大量的导线互联。在电力行业就有专门的端子排，端子箱，上面全是接线端子，单层的、双层的、电流的、电压的、普通的、可断的等。一定的压接面积是为了保证可靠接触，以及保证能通过足够的电流。

（2）型号及含义

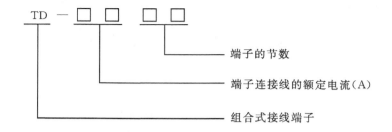

TBC、TBR、TBD、TK组合式接线端子、TA活动式端子、TB日式接线端子、TBC接线端子、TC固定式大电流接线端子、TD组合式接线端子、SAK、JXB、EK通用接线端子、UK、USLKG通用接线端子、IN欧式端子座、JH组合式接线端子、JF5封闭型接线端子、JF6、NJD系列接线端子、H系列接线端子、X塑料端子

（3）设备特定接线端子的标记和特定导线线端的识别

| 导 体 名 称 | | 字 母 数 字 符 号 | |
|---|---|---|---|
| | | 设备端子标记 | 导线线端的识别 |
| 交流系统电源导体 | 第1相<br>第2相<br>第3相<br>中性线 | U<br>V<br>W<br>N | L1<br>L2<br>L3<br>N |
| 直流系统电源导体 | 正　极<br>负　极<br>中间线<br>保护导体<br>不接地的保护导体<br>保护中性导体<br>接地导体<br>低噪声接地导体<br>接机壳、接地架<br>等电位连接 | C<br>D<br>M<br>PE<br>PU<br>—<br>E<br>TE<br>MM<br>CC | L+<br>L—<br>M<br>PE<br>PC<br>PEN<br>E<br>TE<br>MM |

（4）历史知识

1928年，菲尼克斯电气发明了世界上第一片组合式接线端子，这就是现代端子的雏形，也是菲尼克斯电气申请并获得的第一个发明专利。此后，菲尼克斯电气激情创新，致力于各种连接技术的开发，形成了完善的电气接口技术体系，其中很多产品系列已经成为行业的应用标准。

8. 点动控制线路

（1）点动控制线路是用按钮和接触器控制电动机的最简单的控制线路，点动控制的指按下按钮，电动机就得电运转；松开按钮，电动机就失电停转。这种控制方法常用于电动葫芦的起重电机控制和车床拖板箱快速移动电动机控制。

（2）原理图如图1-9所示

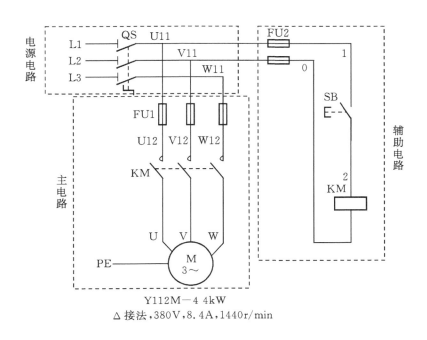

图1-9　点动正转控制线路

（3）原理图绘制说明

按照电路图的绘制原则，三相交流电源线L1、L2、L3依次水平地画在图的上方，电源开关QS水平画出；由熔断器FU1、接触器KM的三对主触头和电动机M组成的主电路，垂直电源线画在图的左侧；由启动按钮SB、接触器KM的线圈组成的控制电路跨接在L1和L2两条电源线之间，垂直画在主电路的右侧，且耗能元件KM的线圈与下边电源线L2相连画在电路的下方，启动按钮SB则画在KM线圈与上边电源线L1之间。图中接触器KM采用了分开表示法，其三对主触头画在主电路中，而线圈则画在控制电路中，为表示它们是同一电器，在它们的图形符号旁边标注了相同的文字符号KM。线路按规定在各接点进行了编号。图中没有专门的批示电路和照明电路。

（4）工作原理分析

先合上电源开关QS。启动：接下SB→KM线圈得电→KM主触头闭合→电动机M启动运转。停止：松开SB→KM线圈失电→KM主触头分断→电动机M失电停转。停止使用，断开电源开关QS。

（5）安装步骤和工艺要求

① 识读点动控制线路，明确线路所用电器元件及作用，熟悉线路的工作原理。

② 按元件明细表配齐所用电器元件，并进行检验。　．

a. 电器元件的技术数据（如型号、规格、额定电压、额定电流等）应完整并符合要求，外观无损伤，备件、附件齐全完好。

b. 电器元件的电磁机构动作是否灵活，有无衔铁卡阻等不正常现象。用万用表检查电磁线圈的通断情况以及各触头的分合情况。

c. 接触器线圈额定电压与电源电压是否一致。

d. 对电动机的质量进行常规检查。

③ 在控制板上按布置图安装电器元件，工艺要求如下。

a. 组合开关、熔断器的受电端子应安装在控制板的外侧，并使熔断器的受电端为底座的中心端。

b. 各元件的安装位置应整齐、匀称，间距合理，便于元件的更换。

c. 紧固各元件时要用力均匀，紧固程度适当。

④ 按接线图的走线方法进行板前明线布线和套编码套管。板前明线布线的工艺要求是：

a. 布线通道尽可能少，同路并行导线按主、控电路分类集中，单层密排，紧贴安装面布线。

b. 同一平面的导线应高低一致或前后一致，不能交叉。非交叉不可时，该根导线应在接线端子引出时，就水平架空跨越，但必须走线合理。

c. 布线应横平竖直，分布均匀。变换走向时应垂直。

d. 布线时严禁损伤线芯和导线绝缘。

e. 布线顺序一般以接触器为中心，由里向外，由低至高，先控制线路，后主电路进行，以不妨碍后续布线为原则。

f. 在每根剥去绝缘层导线的两端套上编码套管。所有从一个接线端子（或接线桩）到另一个接线端子（或接线桩）的导线必须连续，中间无接头。

g. 导线与接线端子或接线桩连接时，不得压绝缘层、不反圈及不露铜过长。

h. 同一元件、同一回路的不同接点的导线间距离应保持一致。

i. 一个电器元件接线端子上的连接导线不得多于两根，每节接线端子板上的连接导线一般只允许连接一根。

⑤ 根据电路图检查控制板布线的正确性。

⑥ 安装电动机。

⑦ 连接电动机和按钮金属外壳的保护接地线。

⑧ 连接电源、电动机等控制板外部的导线。

⑨ 自检。安装完毕的控制线路板，必须经过认真检查以后，才允许通电试车，以防错接、漏接造成不能正常运转或短路事故。

a. 按电路图或接线图从电源端开始……，逐段核对接线及接线端子处线号是否正确，有无漏接、错接之处。检查导线接点是否符合要求，压接是否牢固。接触应良好，以免带负载运行时产生闪弧现象。

b. 用万用表检查线路的通断情况。检查时，应选用倍率适当的电阻挡，并进行校零，以防短路故障的发生。对控制电路的检查（可断开主电路），可将表棒分别搭在U11、V11线端上，读数应为"∞"。按下SB时，读数应为接触器线圈的直流电阻值。然后断开控制电路再检查主电路有无开路或短路现象，此时可用手动来代替接触器通电进行检查。

9. 热继电器

热继电器是利用电流的热效应对电动机或其他用电设备进行过载保护的控制电器。热继电器主要由热元件、触头、动作机构、复位按钮和整定电流调节装置等组成。

（1）结构及符号如图1-10所示

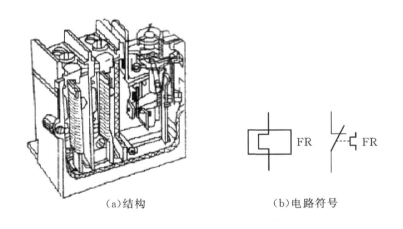

　　　　（a）结构　　　　　　　　（b）电路符号

图1-10　热继电器结构及符号

（2）型号及含义

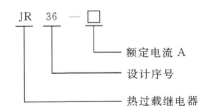

（3）热继电器选用

① 热继电器额定电流：指可以安装的热元件的最大整定电流，选择是电动机额定电流的（1.5~2.5）倍。

② 相数，星型电动机采用普通三相结构热继电器，三角形电动机采用二相结构热继电器。

③ 整定电流：指长期通过热元件而不引起热继电器动作的最大电流。按电动机额定电流整定。热元件整定电流选定为电动机额定电流的0.95～1.05倍。

④ 调节范围：是指手动调节整定电流的范围。

（4）JR36系列热继电器的主要技术数据

| 型号 | 额定电流/A | 热元件等级 | |
|---|---|---|---|
| | | 热元件额定电流/A | 电流调节范围/A |
| JR36-20 | 20 | 0.35 | 0.25~0.35 |
| | | 0.5 | 0.32~0.5 |
| | | 0.72 | 0.45~0.72 |
| | | 1.1 | 0.68~1.1 |
| | | 1.6 | 1~1.6 |
| | | 2.4 | 1.5~2.4 |
| | | 3.5 | 2.2~3.5 |
| | | 5 | 3.2~5 |
| | | 7.2 | 4.5~7.2 |
| | | 11 | 6.8~11 |
| | | 16 | 10~16 |
| | | 22 | 14~22 |
| JR36-32 | 32 | 16 | 10~16 |
| | | 22 | 14~22 |
| | | 32 | 20~32 |
| JR36-63 | 63 | 22 | 14~22 |
| | | 32 | 20~32 |
| | | 45 | 28~45 |
| | | 63 | 40~63 |
| JR36-160 | 160 | 63 | 40~63 |
| | | 85 | 53~85 |
| | | 120 | 75~120 |
| | | 160 | 100~160 |

（5）热继电器与熔断器保护功能的区别

热继电器在三相异步电动机控制线路中也只能作过载保护，不能作短路保护。因为热继电器的热惯性大，即热继电器的双金属片受热膨胀弯曲需要一定的时间。当电动机发生短路时，由于短路电流很大，热继电器还没来得及动作，供电线路和电源设备可能已经损坏。而在电动机启动时，由于启动时间很短，热继电器还未动作，电动机已启动完毕。总之，热继电器与熔断器两者所起的作用不同，不能相互代替。

10.接触器自锁正传控制线路

（1）当松开启动按钮后，接触器通过自身的辅助常开触头使其线圈保持得电的作用叫做自锁。与启动按钮并联起自锁作用的辅助常开触头叫自锁触头。

（2）欠压和失压（或零压）保护作用。

① 欠压保护。"欠压"是指线路电压低于电动机应加的额定电压。"欠压保护"是指当线路电压下降到某一数值时，电动机能自动脱离电源停转，避免电动机在欠压下运行的一种保护。采用接触器自锁控制线路就可避免电动机欠压运行。因为当线路电压下降到一定值（一般指低于额定电压85%以下）时，接触器线圈两端的电压也同样下降到此值，从而使接触器线圈磁通减弱，产生的电磁吸力减小。当电磁吸力减小到小于反作用弹簧的拉力时，动铁芯被迫释放，主触头、自锁触头同时分断，自动切断主电路和控制电路，电动机失电停转，达到了欠压保护的目的。

② 失压（或零压）保护。失压保护是指电动机在正常运行中，由于外界某种原因引起突然断电时，能自动切断电动机电源；当重新供电时，保证电动机不能自行启动的一种保护。接触器自锁控制线路也可实现失压保护。因为接触器自锁触头和主触头在电源断电时已经断开，使控制电路和主电路都不能接通，所以在电源恢复供电时，电动机就不会自行启动运转，保证了人身和设备的安全。

## 二、练一练：

1.什么是电力拖动？简述电力拖动系统的组成。列举你所知道的电力拖动的实例。

2.什么是电器？什么是低压电器？低压电器的分类有哪些？

3．认识下列低压电器元件：

（1）按扭的主要用途是 ＿＿＿＿＿＿＿＿＿＿＿＿＿＿＿＿＿＿＿＿＿＿＿＿。

常开按钮：手指未按下时，触头是＿＿＿＿＿＿；当手指按下时，触头＿＿＿＿＿＿；手指松开后，在复位弹簧作用下触头又返回原位断开。它常用作＿＿＿＿＿＿＿按钮。

常闭按钮：手指未按下时，触头是＿＿＿＿＿＿＿＿的；当手指按下时，触头是＿＿＿＿＿＿＿＿的；手指松开后，在复位弹簧作用下触头又返回原位闭合。它常用作＿＿＿＿按钮。

复合按钮：将常开按钮和常闭按钮组合为一体。当手指按下时，其＿＿＿＿＿＿触头先断开，然后＿＿＿＿＿＿触头闭合；手指松开后，在＿＿＿＿＿作用下触头又返回原位。它常用在控制电路中作电气联锁。一般红色按钮作为＿＿＿＿＿＿按钮，绿色按钮一般作为＿＿＿＿＿＿按钮。

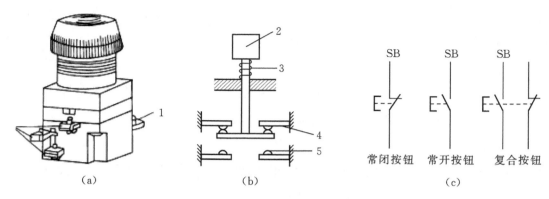

1—按线柱　2—按钮帽　3—反力弹簧　4—常闭触头　5—常开触头

图1-11　按钮

（2）熔断器

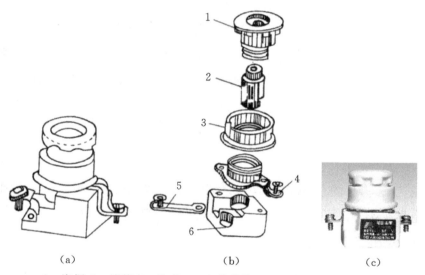

1—瓷帽；2—熔管；3—瓷套；4—上接线柱；5—下接线柱；6—瓷座

图1-12　螺旋式熔断器

熔断器的主要作用是_____。

使用时候应该注意以下几个方面：

① 熔断器的插座和插片的接触应保持良好。

② 熔体烧断后，应首先查明原因，排除故障。更换熔体时，应使新熔体的规格与换下来的一致。

③ 更换熔体或熔管时，必须将电源断开，防触电。

④ 安装螺旋式熔断器时，电源线应接在瓷底座的_____座上，负载线应接在螺纹

壳的上接线座上。这样可保证更换熔管时，螺纹壳体不带电，保证操作者人身安全。

（3）转换开关

① 转换开关主要由_____组成。

② 转换开关的主要作用是_____。

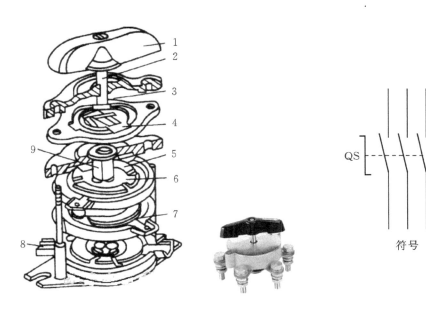

图1-13　转换开关

1—手柄；2—转轴；3—弹簧；4—凸轮；5—绝缘垫板；6—动触头；7—静触头；8—拉线端子；9—绝缘杆

（4）交流接触器

① 交流接触器主要由_____组成。

② 交流接触器按动作方式属于_____电器。

③ 交流接触器主要作用是_____

_____。

④ 交流接触器的工作原理是：

当线圈KM通电时，静、动铁芯间产生_____力。使_____触头闭合，_____触头打开。当线圈断电的时候，在_____力作用下，常开触头打开常闭触头恢复闭合。

（5）热继电器

① 热继电器的主要作用是_____。

② 热继电器符号是_____。

③ 热继电器的工作原理是_____。其中关键的元件是_____

_____。

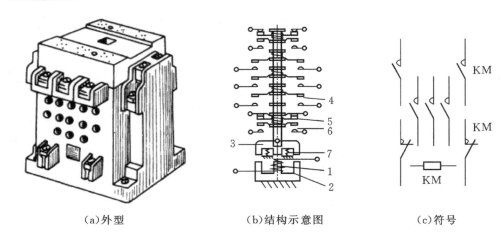

（a)外型　　　　　　（b)结构示意图　　　　　　（c)符号

图1-14　交流接触器

1—线圈；2—静铁芯；3—动铁芯；4—主触头；5—动断辅助触头；6—动合辅助触头；7—恢复弹簧

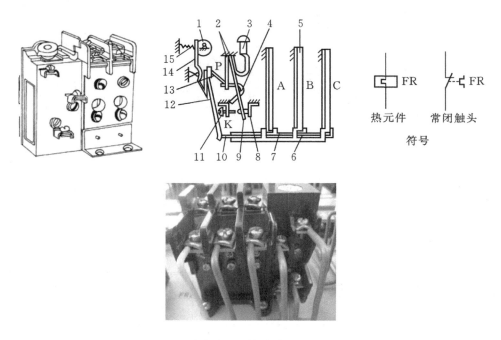

图1-15　热继电器

1—电流调节凸轮；2—片簧；3—手动复位按钮；4—弓簧；5—热双金属片；6—外导板；7—内导板；8—静触头；
9—动触头；10—杠杆；11—复位调节螺钉；12—补偿金属片；13—推杆；14—连杆；15—压簧

# 三、电路分析

## 学习与思考

分析点动连续控制线路的工作原理，见图1-16。

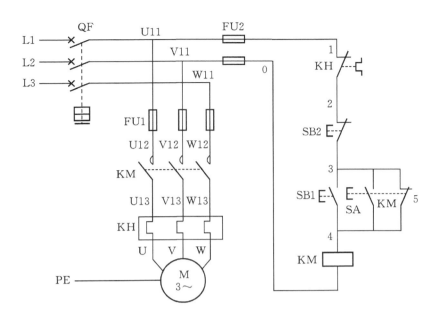

图1-16 三相异步电动机点动连续控制线路原理图

（1）电路图中出现的基本元器件有哪些？有何作用？

（2）从电源到电动机的部分称为_____电路。另外部分按扭和接触器线圈部分电路称为_____电路。

（3）电路能实现那些保护？

（4）电路是如何工作的（即工作原理）？对电动机实现哪种控制功能？

## 四、绘制元器件布置图和接线图

1. 根据原理图绘制元器件布置图见图1-17

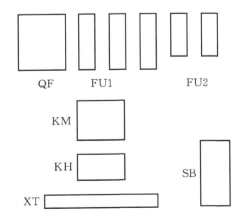

图1-17 元件布置图（参考，后续任务需学生自行绘制）

实际安装时，注意各元器件间的间距及位置。

2.根据原理图绘制接线图见图1-18

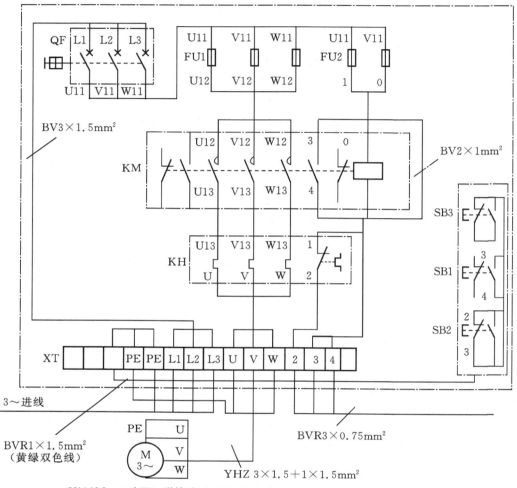

图1-18　接线图（参考，后续任务需学生自行绘制）

## 五、元器件的选用

1.熔断器的选用原则是什么？

2.组合开关的选用原则是什么？

3.交流接触器的选用原则是什么？

4.按钮如何选用？

5.接线端子如何选用？

6.导线如何选用？

7.热继电器的整定电流如何设置？

# 六、材料清单购置表

金华市 技师学院 （金华市工业干校）
高级技工学校 （金华市工业中专）
（ ）类财产申购单

财产类别：

| 序号 | 名称 | 厂家、型号、规格 | 单位 | 数量 | 单价（元） | 金额（元） |
|---|---|---|---|---|---|---|
| 1 | | | | | | |
| 2 | | | | | | |
| 3 | | | | | | |
| 4 | | | | | | |
| 5 | | | | | | |
| 6 | | | | | | |
| 7 | | | | | | |
| 8 | | | | | | |
| 9 | | | | | | |
| 10 | | | | | | |
| 11 | | | | | | |
| 12 | | | | | | |
| 13 | | | | | | |
| 14 | | | | | | |
| 15 | | | | | | |
| 合计金额 | | | | | | |

需购部门意见：

审查人＿＿＿

主管部门或领导审核意见：

审核人＿＿＿

审批人意见：

审批人＿＿＿

申请（制表）人：

第1页 共1页

**教学活动四 实施计划**

### 学习目标

1.掌握电器元件的检查方法，熟悉安装工艺。

2.熟悉电动机控制电路的一般安装步骤，学会安装点动控制电路。

### 学习地点

电工实训室

### 学习课时

8课时

### 学习过程

## 一、元器件的自检

学生以组为单位，在组长的带领下，利用万用表及目测对每组发的交流接触器和按钮检测，并填写表格。

1.找出交流接触器主触头、辅助常开、常闭和线圈触头的位置。

2.测出交流接触器动作与没有动作情况下各触头间的阻值。

3.找出已损坏的交流接触器，并指出损坏的部位。

4.找出按钮的常开和常闭触头并测出动作前后的阻值。

5.找出已损坏的按钮并指出损坏部位。

6.思考损坏的元器件可能的损坏原因。

| 检查项目 | 动作前阻值 | 动作后阻值 | 是否损坏 | 损坏的可能原因 |
|---|---|---|---|---|
| 找出交流接触器主触头并测量阻值 | | | | |
| 找出辅助常开触头并测量阻值 | | | | |
| 找出辅助常闭触头并测量阻值 | | | | |
| 找出线圈触头并测量阻值 | | | | |
| 找出按钮的常开触头并测量阻值 | | | | |
| 找出按钮的常闭触头并测量阻值 | | | | |

## 二、按图完成电路安装

### 学习与思考

1. 元器件的安装方法及工艺要求
2. 布线的工艺要求
3. 安装电气控制线路的方法和步骤
4. 电气控制线路安装时的注意事项

教学活动五　检查控制

### 学习目标

1. 掌握通电试车的步骤。

2. 了解点动连续控制线路运行故障的种类和现象，能应用电阻检测法进行线路故障的排除。

电工实训室

　　2课时

# 一、通电试车

## 1.通电前检查

（1）主电路接线检查。按电路图或接线图从电源端开始，逐段核对接线有无漏接、错接之处，检查导线接点是否符合要求，压接是否牢固。

（2）控制电路接线检查。用万用表电阻挡检查控制电路接线情况。

（3）断开主电路，将表笔分别搭在U11、V11线端上，读数应为"∞"。按下点动按钮SB时，万用表读数应为接触器线圈的直流电阻值（如CJ10－10线圈的直流电阻值约为1800Ω）；松开SB，万用表读数应为"∞"。然后断开控制电路再检查主电路有无开路或短路现象，此时可用手动来代替按钮进行检查。

## 2.通电试车

学生独立完成，教师引导。

（1）为保证人身安全，在通电试车时，要认真执行安全操作规程的有关规定，经老师检查并现场监护。

（2）接通三相电源L1、L2、L3，合上电源开关QS，用电笔检查熔断器出线端，氖管亮说明电源接通。按下SB，观察接触器情况是否正常，是否符合线路功能要求，观察电器元件动作是否灵活，有无卡阻及噪声过大现象，观察电动机运行是否正常。若有异常，立即停车检查。

# 二、故障检修

　　1.电气故障检修的一般方法

　　2.常见故障分析

（1）合上电源开关QS，接触器吸合，电机转动。

故障原因：按钮常开结成常闭、按钮被短接。

解决方法：按钮接常开、改正接线错误的部分接线。

（2）按下按钮SB，接触器不吸合，电机不转。

故障原因：控制回路L1、L2没有、两相熔断器接触不良或熔丝熔断、常开按钮接触不良或接错、交流接触器线圈断路或接触不良。

解决方法：提供电源、拧紧元件、更换熔丝、修理按钮、更换接触器、接触不良的使其接触良好。

（3）按下按钮SB，接触器吸合，电机不转。

故障原因：熔断器FU1熔断丝熔断或接触不良、交流接触器主触头接触不良。

解决方法：更换熔丝、接触不良的使其接触良好。

3.交叉设置故障，进行检修训练

在配线板上人为设置1～2处模拟导线接触不良、压绝缘层、接头氧化等形成的隐蔽性的断路故障，可设置在控制电路中也可设置在主电路中。

# 三、验收

**金华市高级技工学校设备维修验收单**

| 报修记录 | | | | | |
|---|---|---|---|---|---|
| 报修部门 | | 报修人 | | 报修时间 | |
| 报修级别 | 特急□ 急□ 一般□ | | 希望完工时间 | | 年　月　日以前 |
| 故障设备 | | 设备编号 | | 故障时间 | |
| 故障状况 | | | | | |
| 维修记录 | | | | | |
| 接单人及时间 | | | 预定完工时间 | | |
| 故障原因 | | | | | |
| 维修类别 | | | 小修□　　　中修□　　　大修□ | | |
| 维修情况 | | | | | |
| 维修起止时间 | | | 工时总计 | | |

| 耗用材料名称 | 规格 | 数量 | 耗用材料名称 | 规格 | 数量 |
|---|---|---|---|---|---|
| | | | | | |
| | | | | | |
| | | | | | |
| 维修人员建议 | | | | | |
| 验收记录 | | | | | |
| 验收部门 | 维修开始时间 | | 完工时间 | | |
| | 维修结果 | 验收人： 日期： | | | |
| | 设备部门 | 验收人： 日期： | | | |

注：本单一式两份，一联报修部门存根，一联交维修部门。

教学活动六 评价反馈

### 学习目标

1. 自查生产现场管理7S标准执行力。

2. 提高自我学习、信息处理、数字应用等方法能力及与人交流、与人合作、解决问题等社会能力。

### 学习地点

电工实训室

### 学习课时

2课时

# 学习过程

## 一、小组展示学习成果

每小组派一名代表讲解本组负责检修车床的故障现象，逻辑分析得出的故障范围，检测结果及故障排除情况，自我评定评价表中各项成绩，并说明理由。

## 二、小组互评学习任务完成情况（为评价表中的每项评分），并说明理由

## 三、教师评价

教师根据各小组任务完成情况给出各小组本任务综合成绩。

## 四、工作总结

工作总结乃是整个工作过程的一种体会、一种分享、一种积累、一种承上启下的作用。它可以充分检查你在安装与检修点动控制线路过程中的点点滴滴，有技能的、也有情感的，有艰辛的尝试、更有成功的喜悦，还有更多更多，但是我们更注重的是这个过程中你的进步，好好总结并与老师、同学分享你的感悟吧！

建议工作总结应包含以下主要因素：

1. 安装与检修过程中学到什么？

2. 在团队共同学习的过程中，你曾扮演过什么角色，对组长做分配的任务你完成的怎么样？

3. 对自己的展示过程满意吗？如果不满意，那你还需要从哪几个方面努力？接下来学习有何打算？

4. 学习过程经验记录与交流（组内）。

5. 这个项目你觉得哪里最有趣，那里最提不起精神操作？

6. 对这种工学结合的一体化教学方式、教学内容有何意见和建议？

7. 其他。

学习任务评价表

| 序号 | 主要内容 | | 考核要求 | 评分标准 | 配分 | 自我评价 | 小组互评 | 教师评价 |
|---|---|---|---|---|---|---|---|---|
| 1 | 职业素质 | 劳动纪律 | 按时上下课，遵守实训现场规章制度 | 上课迟到、早退、不服从指导老师管理，或不遵守实训现场规章制度扣1～7分 | 7 | | | |
| | | 工作态度 | 认真完成学习任务，主动钻研专业技能 | 上课学习不认真，不能按指导老师要求完成学习任务扣1～7分 | 7 | | | |
| | | 职业规范 | 遵守电工操作规程及规范 | 不遵守电工操作规程及规范扣1～6分 | 6 | | | |
| 2 | 专业技能 | 选择检测器材 | 1.按考核图提供的电路及电机功率，选择安装器材的型号规格和数量并填写在元器件明细表中 2.检测元器件 | 1.接触器、熔断器、热继电器，选择不当每件扣2分，其它器材选择不当每件扣1分 2.元器件检测失误每件扣2分 | 10 | | | |
| | | 安装工艺 | 1.元件布局合理、整齐 2.布线规范、整齐，横平坚直 3.导线连线紧固、接触良好 | 1.元件布局不合理安装不牢固，每处扣2分 2.布线不合理，不规范，接线松动，露铜反圈，接触不良等每处扣1分 | 10 | | | |
| | | 安装正确及通电试车 | 1.按图接线正确 2.正确调整热继电路的整定值，并填写在元器件明细表中 3.通电试车一次成功 4.通电操作步骤正确 | 1.热继电器整定值调整不当扣2分 2.未按图接线，或线路功能不全每处扣10分 3.在额定时间内允许返修一次，扣10分 4.通电试车步骤不正确扣2～10分 | 30 | | | |
| | | 故障分析及排除 | 分析故障原因，思路正确，能正确查找故障并排除 | 1.实际排除故障中思路不清楚，每个故障点扣3分 2.每少查出一个故障点扣5分 3.每少排除一个故障点扣3分 4.排除故障方法不正确，每处扣5分 | 20 | | | |
| 3 | 创新能力 | | 工作思路、方法有创新 | 工作思路、方法没有创新扣10分 | 10 | | | |
| | | | | 合计 | 100 | | | |
| 备注 | | | | 指导教师签字 | | | 年　月　日 | |

任务二

# 三相异步电动机正反转控制
# 线路安装与维修

# 工作任务单

  校金工实训室一台T68镗床出现故障，需进行维修。经维修电工初步检查后发现，该镗床主轴电机控制电路不工作，需进行重新安装维修。现维修部门将任务交于维修电工班完成，维修电工班长安排正在实习的学生进行检测维修电路，要求在接到任务后3个工作日内完成并交付负责人。

  任务实施过程中，应严格遵循《机械制图》GB4457—4460—84、《电气图用图形符号》GB4728.1—85、《低压配电设计规范》GB50054—2011、电气安全工作规程、电气工程安装规程、《电气装置安装工程电气设备交接试验标准》GB50150—2006。维修部门任务通知单如下：

### 金华市高级技工学校维修部门协作通知单

存根联： №：

| 报修部门 | | 报修人员 | |
|---|---|---|---|
| 维修地点 | 金工车间实训室 | | |
| 通知时间 | | 应完成时间 | |
| 维修（加工）内容 | 某镗床主轴控制电路出现问题，需进行维修。 | | |

### 金华市高级技工学校维修部门协作通知单

通知联： №：

| 协作部门 | □数控教研组 ☑电气教研组 □机电教研组 □模具教研组 | | |
|---|---|---|---|
| 报修部门 | | | |
| 维修地点 | | 报修人员 | |
| 通知时间 | | 应完成时间 | |
| 维修（加工）内容 | 教研组主任签名： | | |
| 备注 | 1.教研组及时安排好协作人员。<br>2.协作人员收到此单后，需按规定时间完成。<br>3.协作人员工作完毕，认真填好验收单，请使用人员验收签名后交回维修部门。 | | |

## 学习目标

1. 通过阅读、分析任务单，确认设备类别、安装要求等，通过勘查现场了解、核实现场情况、记录现场数据。

2. 根据任务要求，明确工作内容、工作步骤的工时、人员组织等，与小组成员共同制定出项目工作计划。

3. 能识别按钮、组合开关、接触器等电工器材，识读电气图；正确使用电工常用工具，并根据任务要求，列举所需工具和材料清单，准备工具。

4. 根据现场环境和用户要求确定布线方式，根据设备类别，利用 "需要系数法" 确定计算负荷，根据现场数据及计算负荷确定导线规格数量、开关及保护器件等。依据《低压配电设计规范》等和用户要求确定配电方案（电线穿管暗敷设方式、电气图纸、设备材料清单）。

5. 依照《电气装置安装工程电气设备交接试验标准》、《建筑电气工程施工质量验收规范》配合验收，并整理竣工文件材料，移交给用户。

6. 配电方案应体现环保节能意识，项目实施过程应执行7S标准。

7. 能进行自检并自我完善，能相互沟通明确改进方向。

## 学习时间

18课时

工作流程与活动：

教学活动一：明确任务（1课时）

教学活动二：制定计划（1课时）

教学活动三：工作准备（4课时）

教学活动四：实施计划（8课时）

教学活动五：检查控制（2课时）

教学活动六：评价反馈（2课时）

## 学习地点

电工实训室

## 学材

中国劳动社会保障出版社出版的《电力拖动基本控制线路》教材，学生学习工作页，电工安全操作规程，《GB50150—2006电气设备安装标准》。

教学活动一 明确任务

**学习目标**

通过阅读、分析任务单，确认设备类别、安装要求等。

**学习地点**

电工实训室

**学习课时**

1课时

**学习过程**

## 一、认真阅读工作情景描述及任务单，完成以下内容

任务单

编号： 0002

| 设备名称 | 镗床 | 制造厂家 | 鸿海精密机床 | 型号规格 | T68 |
|---|---|---|---|---|---|
| 设备台数 | 30 | | | | |
| 主轴电动机型号 | JDO251-4/2 | 主轴电动机额定功率 | 5.5/7.5KW | 额定电压 | 3×380V |
| 供电方式 | 三相四线制供电方式 | | | | |
| 施工项目 | 镗床三相异步电动机正反转控制线路安装与维修 | | | | |
| 开工日期 | | 竣工日期 | | 施工单位 | |
| 验收日期 | | 验收单位 | | 接收单位 | |
| 车间用电设备的基本情况介绍 | | | | | |

问题1：一台镗床的主轴有几种工作方式？

问题2：一台镗床共有几台电动机，额定功率各是多少，统计后填入下表内？

| 电动机台套号 | 在机床中的作用 | 型号 | 额定功率/kW |
| --- | --- | --- | --- |
| 1# | | | |
| 2# | | | |

问题3：该设备的供电方式是何种方式？

## 二、根据工作任务单中的设备类型和电动机额定功率

问题1：查阅相关资料，明确安装设备属于何种用电设备的类型。

问题2：查阅资料，判断一下所安装的镗床属于何种工作制的用电设备？

### 小提示

自锁及联锁

自锁定义：交流接触器通过自身的常开辅助触头使线圈总是处于得电状态的现象叫做自锁。这个常开辅助触头就叫做自锁触头。

为了避免两个接触器同时得电动作，就在正、反转控制电路中分别串接了对方接触器的一对辅助触头，这样，当一个接触器得电动作时，通过其辅助常闭触头的断开使另一个接触器不能得电动作，接触器之间这种相互制约作用叫做接触器联锁。实现联锁作用的辅助常闭触头称为联锁触头。

教学活动二　制定计划

### 学习目标

根据任务要求，明确工作内容、工作步骤的工时、人员组织等，与小组成员共同制定出工作计划。

## 学习地点

电工实训室

## 学习课时

1课时

## 学习过程

# 一、学生分组（每小组6人）

1. 在教师指导下，自选组长，由组长与班里同学协商，组成学习小组，确定小组名称。

分组名单

| 小组名 | 组长 | 组员 |
|--------|------|------|
|        |      |      |
|        |      |      |
|        |      |      |
|        |      |      |
|        |      |      |
|        |      |      |
|        |      |      |

2. 确定小组各成员职责。

| 小组成员 | 姓名 | 职责 |
|----------|------|------|
| 组长     |      |      |
| 安全员   |      |      |
| 工具员   |      |      |
| 材料员   |      |      |
| 组员     |      |      |
| 组员     |      |      |

## 二、根据工作任务制定工作计划

工作计划表

| 序号 | 工作内容 | 工期 | 人员安排 | 地点 | 备注 |
|---|---|---|---|---|---|
|  |  |  |  |  |  |
|  |  |  |  |  |  |
|  |  |  |  |  |  |
|  |  |  |  |  |  |
|  |  |  |  |  |  |
|  |  |  |  |  |  |
|  |  |  |  |  |  |

教学活动三　工作准备

### 学习目标

1. 能识别按钮、组合开关、接触器、熔断器、热继电器等元器件，并掌握其选型。

2. 学会绘制、识读电气控制电路的电路图、接线图和布置图。

3. 能根据电动机容量选用元器件，能列出工具和材料清单。

### 学习地点

电工实训室

### 学习课时

4课时

### 学习过程

## 学习与思考

### 一、学一学

正转控制线路只能使电动机朝一个方向旋转，带动生产机械的运动部件朝一个方向运动。但许多生产机械往往要求运动部件能向正反两个方向运动。如机床工作台的前进与后退；起重机的上升与下降等，这些生产机械要求电动机能实现正反转控制。

改变电动机转动方向的方法：当改变通入电动机定子绕组的三相电源相序，即把接入电动机三相电源进线中的任意两相对调接线时，电动机就可以反转。下面介绍几种常用的正反转控制线路。

1. 手动实现正反转

组合开关中，有一类是专为控制小容量三相异步电动机的正反转而设计生产的，如HZ3-132型组合开关，俗称倒顺开关或可逆转换开关，其结构如图2-1所示。开关的两边各装有三副静触头，右边标有符号L1、L2和W，左边标有符号U、V和L3。开关的手柄有"倒"、"停"、"顺"三个位置，倒顺开关在电路图中的符号如图2-2所示。

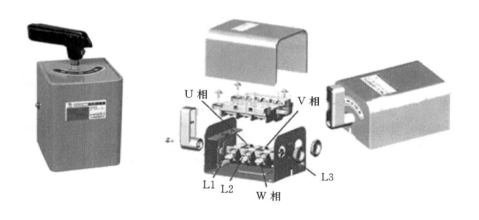

图2-1 倒顺开关结构图

主电路实现正反转通过倒顺开关实现如图2-3所示，工作原理如下：操作倒顺开关QS当手柄处于"停"位置时，QS的动、静触头不接触，电路不通，电动机不转；当手柄扳至"顺'位置时，QS的动触头和左边的静触头相接触，电路按L1—U、L2—V、L3—W接通，输入电动机定子绕组的电源电压相序为L1—L2—L3，电动机正转；当手柄扳至"倒"位置时，QS的动触头和右边的静触头相接触，电路按L1—W、L2—V、L3—U接通，输入电动机定子绕组的电源相序变为L3—L2—L1，电动机反转。

必须注意，当电动机处于正转状态时，要使它反转，应先把手柄扳到"停"的位置，使电动机先停转，然后再把手柄扳到"倒"的位置，使它反转。若直接把手柄由"顺"扳至"倒"的位置，电动机的定子绕组会因为电源突然反接而产生很大的反接电

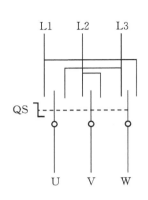

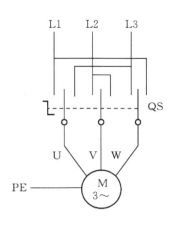

图2-2　倒顺开关原理图　　　　图2-3　倒顺开关接线图

流，易使电动机定子绕组因过热而损坏。

2.接触器实现正反转

倒顺开关正反转控制线路虽然所用电器较少，线路较简单，但它是一种手动控制线路。在频繁换向时，操作人员劳动强度大，操作不安全，所以这种线路一般用于控制额定电流10A、功率在3kW及以下的小容量电动机。在生产实践中更常用的是接触器联锁的正反转控制线路。如图2-4所示。

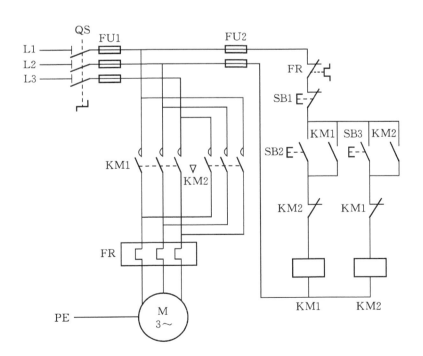

图2-4　接触器联锁正反转控制线路

线路中采用了两个接触器，即正转用的接触器KM1和反转用的接触器KM2，它们分别由正转按钮SB1和反转按钮SB2控制。从主电路图中可以看出，这两个接触器的主触头所接通的电源相序不同，KM1按L1—L2—L3相序接线，KM2则按L3—L2—L1相序接线。相应地控制电路有两条，一条是由按钮SB1和KM1线圈等组成的正转控制电路；另一条是由按钮SB2和KM2线圈等组成的反转控制电路。

必须指出，接触器KM1和KM2的主触头绝不允许同时闭合，否则将造成两相电源（L1相和L3相）短路事故。为了避免两个接触器KM1和KM2同时得电动作，就在正、反转控制电路中分别串接了对方接触器的一对常闭辅助触头，这样，当一个接触器得电动作时，通过其常闭辅助触头使另一个接触器不能得电动作，接触器间这种相互制约的作用叫接触器联锁（或互锁）。实现联锁作用的常闭辅助触头称为联锁触头（或互锁触头），联锁符号用"▽"表示。

线路的工作原理如下：先合上电源开关QS。

（1）正转控制：按SB2，KM1线圈得电，KM1联锁触头分断对KM2联锁，自锁触头闭合自锁，KM1主触头闭合，电动机M启动连续正转。

（2）反转控制：按SB3，KM2线圈得电，KM2联锁触头分断对KM1联锁，自锁触头闭合自锁，KM2主触头闭合，电动机M启动连续正转。

（3）停止时，按下停止按钮SB1控制电路失电，KM1（或KM2）主触头分断，电动机M失电停转。

从以上分析可见，接触器联锁正反转控制线路的优点是工作安全可靠，缺点是操作不便。因电动机从正转变为反转时，必须先按下停止按钮后，才能按反转启动按钮，否则由于接触器的联锁作用，不能实现反转。为克服此线路的不足，可采用按钮和接触器双重联锁的正反转控制线路。

3. 知识拓展

（1）行程开关（见图2-5）

① 功能。利用生产机械某些运动部件的碰撞来发出控制指令。主要用于控制生产机械的运动方向、速度、行程大小或位置，是一种自动控制电器。

图2-5　行程开关的外观及符号

②结构和动作原理。当运动机械的挡铁撞到行程开关的滚轮上时，传动杠杆边同转轴一起转动，使轮撞动撞块，当撞块被压到一定位置时，推动微动开关快速动作，其常闭触头断开、常开触头闭合；滚轮上的挡铁移开后，复位弹簧就使行程开关各部分复位。位置开关的结构见图2-6。

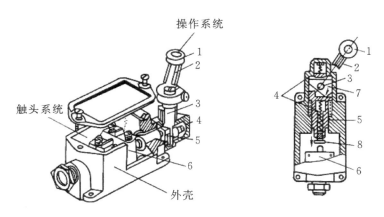

1—滚轮；2—杠杆；3—转轴；4—复合弹簧；5—撞块；6—微动开关；7—凸轮；8—调节螺钉

图2-6　位置开关的结构

③型号含义。LX19系列和JLXK1系列行程开关的型号及含义如图2-7所示。

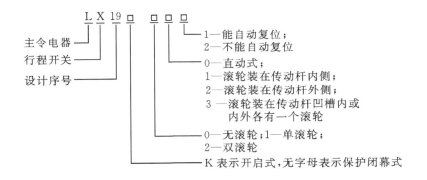

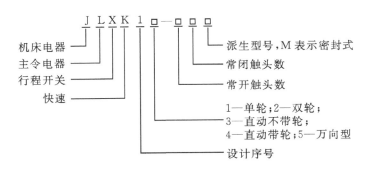

图2-7　LX19系列和JLXK1系列行程开关的型号含义

④实例应用，如图2-8所示。

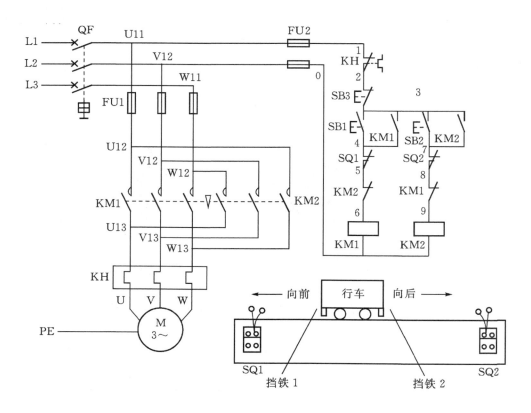

图2-8 小车自动往返控制线路

⑤行程开关的选用。行程开关的主要参数有型式、工作行程、额定电压及触头的电流容量，在产品说明书中都有详细说明。主要根据动作要求、安装位置及触头数量选择。

## 二、练一练

1.生产机械运动部件在正、反两个方向运动时，一般要求电动机能实现_____控制。

2.要使三相异步电动机反转，就必须改变通入电动机定子绕组的_____，即把接入电动机三相电源进线中的任意_____相的接线对调即可。

3.X62W型万能铣床主轴电动机的正反转控制是采用_____来实现的。

4.倒顺开关正反转控制线路所用电器较_____，线路比较_____，但在频繁换向时，操作人员_____大，操作_____差，所以这种线路一般用于控制额定电流_____A、功率在_____kW及以下的小容量电动机。

5.倒顺开关接线时，应将开关两侧进线中的 相互换，并保证标记为L1、L2、L3接_____，标记为U、V、W接_____。

6.倒顺开关在使用时，必须将接地线接到倒顺开关_____上。

7. 用倒顺开关控制电动机正反转时，为什么不允许把手柄从"顺"的位置直接扳到"倒"的位置？

8. 什么是联锁？简述正反转电路联锁的工作原理。

9. 在正反转电路中若接触器KM1和KM2的主触头同时闭合，会造成什么后果？应采取什么措施避免？

## 三、电路分析

学习与思考

1. 分析正反转控制线路的工作原理，如图2-9所示。

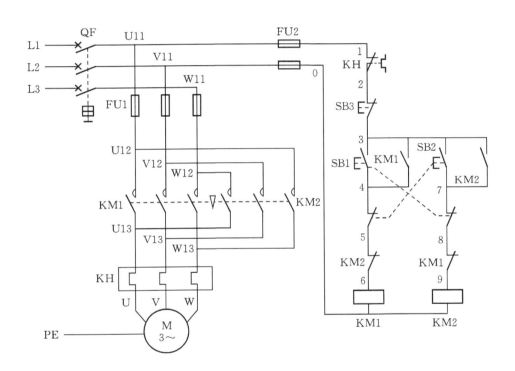

图2-9　三相异步电动机正反转控制线路原理图

（1）电路图中出现的基本元器件有哪些？有何作用？

（2）从电源到电动机的部分称为＿＿＿＿＿＿＿电路。另外部分按扭和接触器线圈部分电路称为＿＿＿＿＿＿＿电路。

（3）电路能实现那些保护？

（4）电路是如何工作的（即工作原理）？对电动机实现哪种控制功能？

（5）电路中0～7线标是根据什么原则来进行标注的？

2. 分析接触器联锁正反转控制线路与按钮和接触器双重联锁正反转控制线路的特点。

## 四、绘制元器件布置图和接线图

1.根据原理图绘制元器件布置图见图2-10。

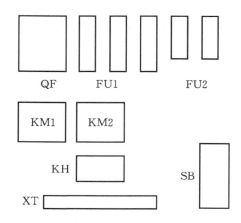

图2-11  元件布置图（参考，后续任务需学生自行绘制）

2.根据原理图绘制接线图。

## 五、根据电动机的功率7.5kW选用下列元件

1.熔断器的选用？

2.断路器的选用？

3.交流接触器的选用？

4.按钮的选用？

5.接线端子的选用？

6.导线的选用？

7.热继电器的整定电流的设置？

## 六、材料清单购置表

金华市 技师学院 （金华市工业干校）
高级技工学校 （金华市工业中专）

（ ）类财产申购单

高级技工学校财产：

| 序号 | 名称 | 厂家、型号、规格 | 单位 | 数量 | 单价（元） | 金额（元） |
|---|---|---|---|---|---|---|
| 1 | | | | | | |
| 2 | | | | | | |
| 3 | | | | | | |
| 4 | | | | | | |
| 5 | | | | | | |
| 6 | | | | | | |
| 7 | | | | | | |
| 8 | | | | | | |
| 9 | | | | | | |
| 10 | | | | | | |
| 11 | | | | | | |
| 12 | | | | | | |
| 13 | | | | | | |
| 14 | | | | | | |
| 15 | | | | | | |
| 合计金额 | | | | | | |

需购部门意见：

审查人

主管部门或领导审核意见：

审核人

审批人意见：

审批人

申请（制表）人：

第 1 页　共 1 页

## 教学活动四 实施计划

### 学习目标

1. 掌握电器元件的检查方法，熟悉安装工艺。

2. 熟悉电动机控制电路的一般安装步骤，学会安装正反转控制电路。

### 学习地点

电工实训室

### 学习课时

8课时

### 学习过程

## 一、元器件的自检

学生以组为单位，在组长的带领下，利用万用表及目测对每组发的交流接触器和按钮检测，并填写表格。

1. 找出交流接触器主触头、辅助常开、常闭和线圈触头的位置。

2. 测出交流接触器动作与没有动作情况下各触头间的阻值。

3. 找出已损坏的交流接触器，并指出损坏的部位。

4. 找出按钮的常开和常闭触头并测出动作前后的阻值。

5. 找出已损坏的按钮并指出损坏部位。

6. 思考损坏的元器件可能的损坏原因。

| 检查项目 | 动作前阻值 | 动作后阻值 | 是否损坏 | 损坏的可能原因 |
|---|---|---|---|---|
| 找出交流接触器主触头并测量阻值 | | | | |

| | | | |
|---|---|---|---|
| 找出辅助常开触头并测量阻值 | | | |
| 找出辅助常闭触头并测量阻值 | | | |
| 找出线圈触头并测量阻值 | | | |
| 找出按钮的常开触头并测量阻值 | | | |
| 找出按钮的常闭触头并测量阻值 | | | |

## 二、按图完成电路安装

**学习与思考**

1. 元器件的安装方法及工艺要求。

2. 布线的工艺要求。

3. 安装电气控制线路的方法和步骤。

4. 电气控制线路安装时的注意事项。

教学活动五　检查控制

**学习目标**

1. 掌握通电试车的步骤。

2. 了解正反转控制线路运行故障的种类和现象，能应用电阻检测法进行线路故障的排除。

**学习地点**

电工实训室

**学习课时**

2课时

## 学习过程

### 一、通电试车

**1.通电前检查**

（1）主电路接线检查。按电路图或接线图从电源端开始，逐段核对接线有无漏接、错接之处，检查导线接点是否符合要求，压接是否牢固。

（2）控制电路接线检查。用万用表电阻挡检查控制电路接线情况。

（3）断开主电路，将表笔分别搭在U11、V11线端上，读数应为"∞"。正转按下启动按钮SB1时，万用表读数应为接触器线圈的直流电阻值（如CJ10－10线圈的直流电阻值约为1800Ω）；松开SB1，万用表读数应为"∞"。反转按下启动按钮SB2时，万用表读数应为接触器线圈的直流电阻值（如CJ10－10线圈的直流电阻值约为1800Ω）；松开SB2，万用表读数应为"∞"。然后断开控制电路再检查主电路有无开路或短路现象，此时可用手动来代替按钮进行检查。

**2.通电试车**

学生独立完成，教师引导。

（1）为保证人身安全，在通电试车时，要认真执行安全操作规程的有关规定，经老师检查并现场监护。

（2）接通三相电源L1、L2、L3，合上电源开关QS，用电笔检查熔断器出线端，氖管亮说明电源接通。按下SB1，观察接触器KM1情况是否正常，是否符合线路功能要求，观察电器元件动作是否灵活，有无卡阻及噪声过大现象，观察电动机正转运行是否正常。若有异常，立即停车检查。按下SB2，观察接触器KM2情况是否正常，是否符合线路功能要求，观察电器元件动作是否灵活，有无卡阻及噪声过大现象，观察电动机反转运行是否正常。若有异常，立即停车检查。

### 二、故障检修

## 学习与思考

1.电气故障检修的一般方法。

2.常见故障分析

（1）合上电源开关QS，接触器KM1吸合，电机转动。按下SB1接触器KM1不吸合，电机不转动。

故障原因：SB1按钮常开接成常闭、按钮被短接。

解决方法：按钮接常开、改正接线错误的部分接线

（2）按下按钮SB2，接触器KM2不吸合，电机不转。

故障原因：控制回路L1、L2没有、两相熔断器接触不良或熔丝熔断、常开按钮接触不良或接错、交流接触器线圈断路或接触不良

解决方法：提供电源、拧紧元件、更换熔丝、修理按钮、更换接触器、接触不良的使其接触良好。

3. 交叉设置故障，进行检修训练

在配线板上人为设置1～2处模拟导线接触不良、压绝缘层、接头氧化等形成的隐蔽故障的断路故障，可设置在控制电路中也可设置在主电路中。

# 三、验收

**金华市高级技工学校设备维修验收单**

| 报修记录 | | | | | |
|---|---|---|---|---|---|
| 报修部门 | | 报修人 | | 报修时间 | |
| 报修级别 | 特急□ 急□ 一般□ | | 希望完工时间 | 年 月 日以前 | |
| 故障设备 | | 设备编号 | | 故障时间 | |
| 故障状况 | | | | | |
| **维修记录** | | | | | |
| 接单人及时间 | | | 预定完工时间 | | |
| 故障原因 | | | | | |
| 维修类别 | 小修□ | 中修□ | 大修□ | | |
| 维修情况 | | | | | |
| 维修起止时间 | | | 工时总计 | | |
| 耗用材料名称 | 规格 | 数量 | 耗用材料名称 | 规格 | 数量 |
| | | | | | |
| | | | | | |
| | | | | | |
| 维修人员建议 | | | | | |
| **验收记录** | | | | | |
| 验收部门 | 维修开始时间 | | 完工时间 | | |
| | 维修结果 | 验收人： 日期： | | | |
| 设备部门 | | 验收人： 日期： | | | |

注：本单一式两份，一联报修部门存根，一联交维修部门。

**教学活动六　评价反馈**

## 学习目标

1. 自查生产现场管理7S标准执行力。

2. 提高自我学习、信息处理、数字应用等方法能力及与人交流、与人合作、解决问题等社会能力。

## 学习地点

电工实训室

## 学习课时

2课时

## 学习过程

### 一、小组展示学习成果

每小组派一名代表讲解本组负责检修车床的故障现象，逻辑分析得出的故障范围，检测结果及故障排除情况，自我评定评价表中各项成绩，并说明理由。

### 二、小组互评学习任务完成情况（为评价表中的每项评分），并说明理由

### 三、教师评价

教师根据各小组任务完成情况给出各小组本任务综合成绩。

### 四、工作总结

工作总结乃是整个工作过程的一种体会、一种分享、一种积累、一种承上启下的作用。它可以充分检查你在安装与检修点动控制线路过程中的点点滴滴，有技能的、也有情感的、有艰辛的尝试、更有成功的喜悦，还有更多更多，但是我们更注重的是这个过程中你的进步，好好总结并与老师、同学分享你的感悟吧！

建议工作总结应包含以下主要因素：

1. 安装与检修过程中学到什么？

2. 你在团队共同学习的过程中，你曾扮演过什么角色，对组长做分配的任务你完成的怎么样？

3. 对自己的展示过程满意吗？如果不满意，那你还需要从哪几个方面努力？接下来学习有何打算？

4. 学习过程经典经验记录与交流（组内）。

5. 这个项目你觉得哪里最有趣，哪里最提不起精神操作？

6. 对这种工学结合的一体化教学方式、教学内容有何意见和建议？

7. 其他。

## 工作总结

## 学习任务评价表

| 序号 | 主要内容 | | 考核要求 | 评分标准 | 配分 | 自我评价 | 小组互评 | 教师评价 |
|---|---|---|---|---|---|---|---|---|
| 1 | 职业素质 | 劳动纪律 | 按时上下课，遵守实训现场规章制度 | 上课迟到、早退、不服从指导老师管理，或不遵守实训现场规章制度扣1～7分 | 7 | | | |
| | | 工作态度 | 认真完成学习任务，主动钻研专业技能 | 上课学习不认真，不能按指导老师要求完成学习任务扣1～7分 | 7 | | | |
| | | 职业规范 | 遵守电工操作规程及规范 | 不遵守电工操作规程及规范扣1～6分 | 6 | | | |
| 2 | 专业技能 | 选择检测器材 | 1. 按考核图提供的电路及电机功率，选择安装器材的型号规格和数量并填写在元器件明细表中。<br>2. 检测元器件。 | 1. 接触器、熔断器、热继电器，选择不当每件扣2分，其它器材选择不当每件扣1分<br>2. 元器件检测失误每件扣2分 | 10 | | | |
| | | 安装工艺 | 1. 元件布局合理、整齐。<br>2. 布线规范、整齐，横平竖直。<br>3. 导线连线紧固、接触良好。 | 1. 元件布局不合理安装不牢固，每处扣2分<br>2. 布线不合理，不规范，接线松动，露铜反圈，接触不良等每处扣1分 | 10 | | | |
| | | 安装正确及通电试车 | 1. 按图接线正确。<br>2. 正确调整热继电路的整定值，并填写在元器件明细表中。<br>3. 通电试车一次成功。<br>4. 通电操作步骤正确。 | 1. 热继电器整定值调整不当扣2分<br>2. 未按图接线，或线路功能不全每处扣10分<br>3. 在额定时间内允许返修一次，扣10分<br>4. 通电试车步骤不正确扣2～10分 | 30 | | | |
| | | 故障分析及排除 | 分析故障原因，思路正确，能正确查找故障并排除。 | 1. 实际排除故障中思路不清楚，每个故障点扣3分<br>2. 每少查出一个故障点扣5分<br>3. 每少排除一个故障点扣3分<br>4. 排除故障方法不正确，每处扣5分 | 20 | | | |
| 3 | 创新能力 | | 工作思路、方法有创新。 | 工作思路、方法没有创新扣10分 | 10 | | | |
| 备注 | | | 合计 | | 100 | | | |
| | | | 指导教师签字 | 年　月　日 | | | | |

# 任务三

# 三相异步电动机顺序控制
# 线路安装与维修

# 工作任务单

经过对金工车间X62铣床的勘察，发现顺序控制线路出问题，现需要57台该线路的控制线路，车间将任务交于维修电工班完成，维修电工班长安排正在实习的学生安装此电路，要求在接到任务后3个工作日内完成并交付负责人。

任务实施过程中，应严格遵循《机械制图》GB4457—4460—84、《电气图用图形符号》GB4728.1—85、《低压配电设计规范》GB50054—2011、电气安全工作规程、电气工程安装规程、《电气装置安装工程电气设备交接试验标准》GB50150—2006。维修部门任务通知单如下。

## 金华市高级技工学校维修部门协作通知单

存根联： No：

| 报修部门 | | 报修人员 | |
|---|---|---|---|
| 维修地点 | 金工车间实训室 | | |
| 通知时间 | | 应完成时间 | |
| 维修（加工）内容 | X62铣床顺序控制电路出现问题，需进行维修更换。 | | |

## 金华市高级技工学校维修部门协作通知单

通知联： No：

| 协作部门 | 口数控教研组 √电气教研组 口机电教研组 口模具教研组 | | |
|---|---|---|---|
| 报修部门 | | | |
| 维修地点 | | 报修人员 | |
| 通知时间 | | 应完成时间 | |
| 维修（加工）内容 | | | 教研组主任签名： |
| 备注 | 1.教研组及时安排好协作人员。<br>2.协作人员收到此单后，需按规定时间完成。<br>3.协作人员工作完毕，认真填好验收单，请使用人员验收签名后交回维修部门。 | | |

## 学习目标

1. 通过阅读、分析任务单，确认设备类别、安装要求等，通过勘查现场了解、核实现场情况、记录现场数据。

2. 根据任务要求，明确工作内容、工作步骤的工时、人员组织等，与小组成员共同制定出项目工作计划。

3. 正确使用电工常用工具，并根据任务要求，列举所需工具和材料清单，准备工具。

4. 根据现场环境和用户要求确定布线方式，根据设备类别，利用"需要系数法"确定计算负荷，根据现场数据及计算负荷确定导线规格数量、开关及保护器件等。依据《低压配电设计规范》等和用户要求确定配电方案（电线穿管暗敷设方式、电气图纸、设备材料清单）。

5. 依照《电气装置安装工程电气设备交接试验标准》、《建筑电气工程施工质量验收规范》配合验收，并整理竣工文件材料，移交给用户。

6. 配电方案应体现环保节能意识，项目实施过程应执行7S标准。

7. 能进行自检并自我完善，能相互沟通明确改进方向。

## 学习时间

18课时

工作流程与活动：

教学活动一：明确任务（1课时）

教学活动二：制定计划（1课时）

教学活动三：工作准备（4课时）

教学活动四：实施计划（8课时）

教学活动五：检查控制（2课时）

教学活动六：评价反馈（2课时）

## 学习地点

电工实训室

## 学材

《电力拖动基本控制线路》教材，学生学习工作页，电工安全操作规程，《GB50150—2006电气设备安装标准》。

### 学习目标

通过阅读、分析任务单，确认设备类别、安装要求等。

### 学习地点

电工实训室

### 学习课时

1课时

### 学习过程

## 一、认真阅读工作情景描述及任务单，完成以下内容。

任务单

编号：003

| 设备名称 | 万能铣床 | 制造厂家 | 北京第一机床厂 | 型号规格 | X62W |
|---|---|---|---|---|---|
| 设备台数 | 57 | | | | |
| 主轴电动机型号 | Y132M—4 | 主轴电动机额定功率 | 7.5kW | 额定电压 | 3×380V |
| 冷却泵电动机型号 | JCB—22 | 冷却泵电动机功率 | 125W | 额定电压 | 3×380V |
| 供电方式 | 三相四线制供电方式 | | | | |
| 施工项目 | 安装该机床主轴与冷却泵顺序控制电路，并进行调试及检修。 | | | | |
| 开工日期 | | 竣工日期 | | 施工单位 | |
| 验收日期 | | 验收单位 | | 接收单位 | |
| 车间用电设备的基本情况介绍 | | | | | |

问题1：设备的名称型号是什么，共有几台设备？

_____

_____

问题2：一台X62铣床共有几台电动机，额定功率各是多少，统计后填入下表内？

| 电动机台套号 | 在机床中的作用 | 型号 | 额定功率/kW |
|---|---|---|---|
| M1 | | | |
| M2 | | | |
| M3 | | | |

问题3：该设备选择何种方式的顺序控制线路？

_____

_____

## 二、根据工作任务单中的设备类型和电动机额定功率。

问题1：查阅相关资料，明确安装设备属于何种顺序控制类型。

_____

_____

问题2：查阅资料，判断一下，所安装的X62W铣床电路选择何种顺序控制更优？

_____

_____

 **小·提示**

　　1．要求几台电动机的启动或停止必须按一定的先后顺序来完成的控制方式，叫做电动机的顺序控制。

　　2．电动机的顺序控制方式有主电路顺序控制和控制电路顺序控制。

　　3．顺序控制设计需要按照生产工艺预先规定的顺序，在各个输入信号的作用下，根据内部状态和时间的顺序，在生产过程中各个执行机构自动地有秩序地进行操作。如果一个控制系统可以分解成几个独立的控制动作，且这些动作必须严格按照一定的先后次序执行才能保证生产过程的正常运行，那么系统可以进行顺序控制。

**教学活动二 制定计划**

## 学习目标

根据任务要求，明确工作内容、工作步骤的工时、人员组织等，与小组成员共同制定出工作计划。

## 学习地点

电工实训室

## 学习课时

1课时

## 学习过程

### 一、学生分组（每小组6人）

1. 在教师指导下，自选组长，由组长与班里同学协商，组成学习小组，确定小组名称。

分组名单

| 小组名 | 组长 | 组员 |
|--------|------|------|
|        |      |      |
|        |      |      |
|        |      |      |
|        |      |      |
|        |      |      |
|        |      |      |
|        |      |      |

2. 确定小组各成员职责

| 小组成员 | 姓名 | 职责 |
|---|---|---|
| 组长 | | |
| 安全员 | | |
| 工具员 | | |
| 材料员 | | |
| 组员 | | |
| 组员 | | |

## 二、根据工作任务制定工作计划

工作计划表

| 序号 | 工作内容 | 工期 | 人员安排 | 地点 | 备注 |
|---|---|---|---|---|---|
| | | | | | |
| | | | | | |
| | | | | | |
| | | | | | |
| | | | | | |
| | | | | | |
| | | | | | |

教学活动三　工作准备

学习目标

1. 学习顺序控制定义和类型。

2. 学会绘制、识读电气控制电路的电路图、接线图和布置图。

3. 能根据电动机容量选用元器件，能列出工具和材料清单。

## 一、学一学

在装有多台电动机的生产机械上，各电动机所起的作用是不同的，有时需按一定的顺序启动或停止，才能保证操作过程的合理和工作的安全可靠。

1. 主电路实现顺序控制

图3-1所示主电路顺序实现控制线路的特点是电动机M2的主电路接在M1的主线路中KM（或KM1）的主触头下面。

电动机M1和M2也可分别通过接触器KM1和KM2来控制，接触器KM2的主触头接在接触器KM1主触头的下面。

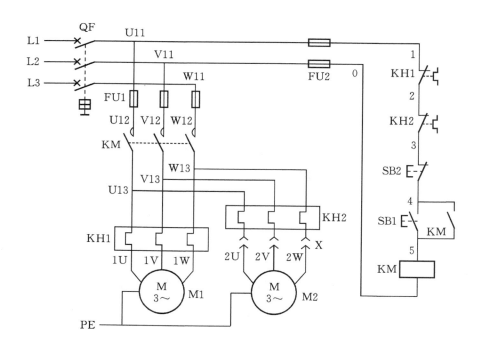

图3-1　主电路实现顺序控制的电路图

2.控制电路实现顺序控制的电路

如图3-2所示电动机M2的控制电路的启动是在M1的启动按钮下面。线路中停止按钮SB3控制两台电动机同时停止,而不能控制M2的单独停止或逆序停止。

在图3-3中在电动机M2的控制电路中,串接了接触器KM1的辅助常开触头。线路中停止按钮SB12控制两台电动机同时停止,SB22控制M2的单独停止,但不能实现完全的逆序停止要求。

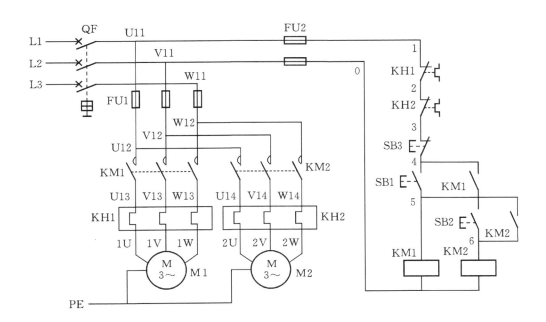

图3-2 控制电路实现顺序控制

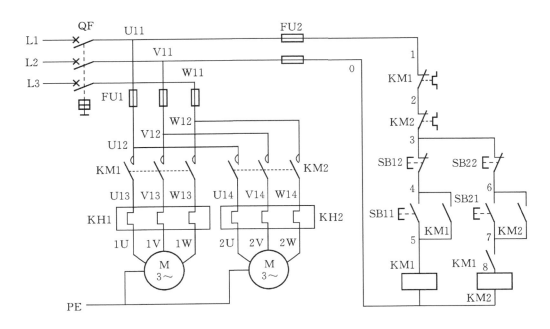

图3-3 控制电路实现顺序控制

在图3-4中SB12的两端并接了接触器KM2 的辅助常开触头，从而实现了M1启动后，M2才能启动；而M2停止后，M1才能停止的控制要求，即M1、M2是顺序启动，逆序停止。

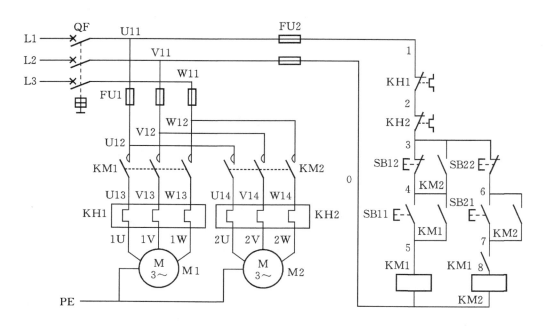

图3-4　控制电路实现顺序控制

## 二、练一练

1. 什么是顺序控制？假如没有顺序控制电路，机械生产过程会出现哪些问题？会存在安全问题吗？

_____

_____

_____

_____

2. 简述电力拖动系统的组成，列举你所知道的电力拖动顺序控制在机械生产中的运用实例。

_____

_____

_____

_____

3. 什么是主电路实现顺序控制线路？什么是控制电路实现顺序控制线路？

_____

_____

_____

_____

4.如图所示是三条传送带运输机的示意图。对于这三条带运输机的电气要求是。

（1）启动顺序为1号、2号、3号，即顺序启动，以防止货物在带上堆积；

（2）停止顺序为3号、2号、1号，即逆序停止，以保证停车后带上不残存货物；

（3）当1号或2号出现故障停车时，3号能随即停车，以免继续进料。

试画出三条带运输机的电路图，并叙述其工作原理。

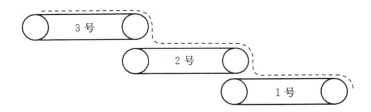

## 二、电路分析

学习与思考

分析图3-4顺序控制线路的工作原理。

_____

_____

_____

_____

_____

_____

（1）电路图中出现的基本元器件有哪些？有何作用？

_____

_____

_____

_____

（2）该电路为哪一种顺序控制线路？

_____

_____

_____

_____

（3）电路能实现哪些保护？

_____

_____

（4）电路是如何工作的（即工作原理）？什么是停止顺序控制功能？

_____

_____

## 四、绘制元器件布置图和接线图

　　1. 根据图3-4的原理图绘制元器件布置图。

　　2. 根据图3-4的原理图绘制接线图。

## 五、元器件的检查

| 方法<br>元器件 | 用前检查要点 | 测量方法 | 检查结果<br>填（是/否） |
|---|---|---|---|
| 熔断器 | | | |
| 组合开关 | | | |
| 交流接触器 | | | |
| 按钮开关 | | | |
| 热继电器 | | | |

## 六、材料清单购置表

金华市 　技师学院　　　（金华市工业干校）
　　　　高级技工学校　　（金华市工业中专）

（　　　）类财产申购单　　　　　　　　　　　　　　　　财产类别：

| 序号 | 名称 | 厂家、型号、规格 | 单位 | 数量 | 单价（元） | 金额（元） |
|---|---|---|---|---|---|---|
| 1 | | | | | | |
| 2 | | | | | | |
| 3 | | | | | | |
| 4 | | | | | | |
| 5 | | | | | | |
| 6 | | | | | | |
| 7 | | | | | | |
| 8 | | | | | | |
| 9 | | | | | | |
| 10 | | | | | | |
| 11 | | | | | | |
| 12 | | | | | | |
| 13 | | | | | | |
| 14 | | | | | | |
| 15 | | | | | | |
| 合计金额 | | | | | | |

需购部门意见：

审查人＿＿＿＿＿

主管部门或领导审核意见：

审核人＿＿＿＿＿

审批人意见：

审批人＿＿＿＿＿

申请（制表）人：

第 1 页　共 1 页

**教学活动四 实施计划**

## 学习目标

1.掌握电器元件的检查方法，熟悉安装工艺。

2.熟悉电动机控制电路的一般安装步骤，学会安装顺序控制电路。

## 学习地点

电工实训室

## 学习课时

8课时

## 学习过程

# 一、元器件的自检

学生以组为单位，在组长的带领下，利用万用表及目测对每组发的交流接触器和按钮检测，并填写表格。

1.找出交流接触器主触头、辅助常开、常闭和线圈触头的位置。

2.测出交流接触器动作与没有动作情况下各触头间的阻值。

3.找出已损坏的交流接触器，并指出损坏的部位。

4.找出按钮的常开和常闭触头并测出动作前后的阻值。

5.找出已损坏的按钮并指出损坏部位。

6.思考损坏的元器件可能的损坏原因。

| 检查项目 | 动作前阻值 | 动作后阻值 | 是否损坏 | 损坏的可能原因 |
|---|---|---|---|---|
| 找出交流接触器主触头并测量阻值 | | | | |
| 找出辅助常开触头并测量阻值 | | | | |

| 找出辅助常闭触头并测量阻值 | | | | |
|---|---|---|---|---|
| 找出线圈触头并测量阻值 | | | | |
| 找出按钮的常开触头并测量阻值 | | | | |
| 找出按钮的常闭触头并测量阻值 | | | | |

## 二、按图3-4完成电路安装

### 学习与思考

1. 本任务元器件的安装方法及工艺要求。

2. 本任务布线的工艺要求。

3. 本任务安装电气控制线路的方法和步骤。

4. 本任务电气控制线路安装时的注意事项。

教学活动五 检查控制

### 学习目标

1. 掌握通电试车的步骤。

2. 了解顺序控制线路运行故障的种类和现象，能应用电阻检测法进行线路故障的排除。

### 学习地点

电工实训室

### 学习课时

2课时

学习过程

# 一、通电试车

## 1.通电前检查

（1）主电路接线检查。按电路图或接线图从电源端开始，逐段核对接线有无漏接、错接之处，检查导线接点是否符合要求，压接是否牢固。

（2）控制电路接线检查。用万用表电阻挡检查控制电路接线情况。

（3）断开主电路，将表笔分别搭在U11、V11线端上，读数应为"∞"。按下启动按钮SB11时，万用表读数应为接触器线圈的直流电阻值（如CJ10－10线圈的直流电阻值约为1800Ω）；松开SB11，万用表读数应为"∞"。然后断开控制电路再检查主电路有无开路或短路现象，此时可用手动来代替按钮进行检查。

## 2.通电试车

学生独立完成，教师引导。

（1）为保证人身安全，在通电试车时，要认真执行安全操作规程的有关规定，经老师检查并现场监护。

（2）接通三相电源L1、L2、L3，合上电源开关QF，用电笔检查熔断器出线端，氖管亮说明电源接通。先按下SB11，再按下SB21观察接触器情况是否正常，是否符合线路功能要求，观察电器元件动作是否灵活，有无卡阻及噪声过大现象，观察电动机运行是否正常。若有异常，立即停车检查。停止先按下SB22，再按下SB12。断开QS，断开三相电源。

（3）如果不按照上面操作步骤进行会出现什么情况，请记录。

# 二、故障检修

学习与思考

1.根据前面学过的课题，请列举电气故障检修的一般方法有哪些？

_____

_____

_____

_____

2.按图3-3分析常见故障。

（1）合上电源开关QF，不按启动按钮SB11，KM1接触器马上吸合，电机M1转动。

故障原因：SB11按钮常开结成常闭或按钮被短接。也可能KM1辅助常开触头（自锁）被短接，或接错线号。

解决方法：按钮接常开、改正接线错误的部分接线。或查KM1辅助常开触头（自锁）。

（2）按下按钮SB11，KM1接触器不吸合，M1电机不转。

故障原因：控制回路L1、L2没有电、两相熔断器接触不良或熔丝熔断、SB11常开按钮开关接触不良或接错、交流接触器线圈断路或接触不良。

解决方法：提供电源、拧紧元件、更换熔丝、修理按钮、更换接触器、接触不良的使其接触良好。

（3）按下按钮SB21，KM2接触器吸合，M2电机不转

故障原因：KH2熔断或保护、KM2交流接触器主触头接触不良，电机M2坏。

解决方法：更换KH2、KM2接触不良的使其接触良好，电机M2更换。

3.交叉设置故障，进行检修训练

在配线板上人为设置1~2处模拟导线接触不良、压绝缘层、接头氧化等形成的隐蔽故障的断路故障，可设置在控制电路中也可设置在主电路中。

## 三、验收

金华市高级技工学校设备维修验收单

| 报修记录 | | | | | |
|---|---|---|---|---|---|
| 报修部门 | | 报修人 | | 报修时间 | |
| 报修级别 | 特急□ 急□ 一般□ | | 希望完工时间 | 年 月 日以前 | |
| 故障设备 | | 设备编号 | | 故障时间 | |
| 故障状况 | | | | | |

| 维修记录 | | | | | |
|---|---|---|---|---|---|
| 接单人及时间 | | | 预定完工时间 | | |
| 故障原因 | | | | | |
| 维修类别 | | 小修□ | 中修□ | 大修□ | |
| 维修情况 | | | | | |
| 维修起止时间 | | | 工时总计 | | |
| 耗用材料名称 | 规格 | 数量 | 耗用材料名称 | 规格 | 数量 |
| | | | | | |
| | | | | | |
| 维修人员建议 | | | | | |

| 验收记录 | | | |
|---|---|---|---|
| 验收部门 | 维修开始时间 | | 完工时间 | |
| | 维修结果 | | 验收人：　　日期： |
| | 设备部门 | | 验收人：　　日期： |

注：本单一式两份，一联报修部门存根，一联交维修部门。

教学活动六　评价反馈

## 学习目标

1. 自查生产现场管理7S标准执行力。

2. 提高自我学习、信息处理、数字应用等方法能力及与人交流、与人合作、解决问题等社会能力。

## 学习地点

电工实训室

## 学习课时

2课时

## 学习过程

### 一、小组自我评价

以小组为单位，选择演示文稿、展板、录像等形式中的一种或几种，向全班展示、汇报学习成绩，并根据学习任务评价表进行自我评定评价，且说明理由。

### 二、小组互评

根据每个小组的学习任务和完成情况进行互评（为评价表中的每项评分），并说明理由。

## 三、教师评价

　　教师根据各小组任务完成情况给出各小组本任务综合成绩，以及给1~10分的奖励，并说明理由。

## 四、工作总结

## 学习任务评价表

班级：_____ 姓名：_____ 学号：_____ 任务名称：_____

| 序号 | 考核内容 | | 考核要求 | 评分标准 | 配分 | 自我评价（10%） | 小组互评（40%） | 教师评价（50%） |
|---|---|---|---|---|---|---|---|---|
| 1 | 职业素养 | 劳动纪律 | 按时上下课，遵守实训现场规章制度 | 上课迟到、早退、不服从指导老师管理，或不遵守实训现场规章制度扣1～5分 | 5 | | | |
| | | 工作态度 | 认真完成学习任务，主动钻研专业技能 | 上课学习不认真，不能主动完成学习任务扣1～5分 | 5 | | | |
| | | 职业规范 | 遵守电工操作规程及规范及现场管理规定 | 不遵守电工操作规程及规范扣1～10分 不能按规定整理工作现场扣1～5分 | 10 | | | |
| 2 | 明确任务 | | 填写工作任务相关内容 | 工作任务内容填写有错扣1～5分 | 5 | | | |
| 3 | 制订计划 | | 计划合理、可操作 | 计划制订不合理、可操作性差扣1～5分 | 5 | | | |
| 4 | 工作准备 | | 掌握完成工作需具备的知识技能要求 | 按照回答的准确性及完成程度评分 | 20 | | | |
| 5 | 任务实施 | 电路安装接线工艺 | 遵照电工作业规范，在配线板上完成电路的安装与接线工作 | 1. 元件布局不合理安装不牢固，每处扣1分 2. 布线不进行线槽，不美观，每处扣1分 3. 损坏元件，每件扣2分 4. 接点松动、露铜过长、反圈、压绝缘层，标记线号不清楚、遗漏或误标，引出端无别径压端子，每处扣1分 5. 损伤导线绝缘或线芯，每根扣1分 | 5 | | | |
| | | 通电试车 | 1. 按图接线正确 2. 正确调整热继电路的整定值 3. 通电试车一次成功 4. 通电操作步骤正确 | 1. 未按图接线，或线路功能不全每处扣5分 2. 热继电器整定值调整不当扣2分 3. 在额定时间内允许返修一次，扣10分 4. 通电试车步骤不正确扣2～10分 | 20 | | | |

| 5 | 任务实施 | 故障检修 | 分析故障原因,思路正确,能正确查找故障并排除 | 1. 实际排除故障中思路不清楚,每个故障点扣3分<br>2. 每少查出一个故障点扣5分<br>3. 每少排除一个故障点扣3分<br>4. 排除故障方法不正确,每处扣5分 | 10 | | | |
|---|---|---|---|---|---|---|---|---|
| 6 | 团队合作 | | 小组成员互帮互学,相互协作 | 团队协作效果差扣1~5分 | 5 | | | |
| 7 | 创新能力 | | 能独立思考,有分析解决实际问题能力 | 1. 工作思路、方法有创新,酌情加分<br>2. 工作总结到位,酌情加分 | 10 | | | |
| | | | | 合 计 | 100 | | | |
| | | | | 综合成绩 | | | | |
| 备注 | 各子项目评分时不倒扣分 | | 指导教师综合评价 | 指导老师签名:<br>年　月　日 | | | | |

# 任务四

# 三相异步电动机降压启动控制
# 线路安装与维修

# 工作任务单

金工车间某机床控制电路出现问题，需进行维修。经维修电工检查后发现，该机床主轴电机控制电路已烧毁，需重新进行布线安装。现车间将任务交于维修电工班完成，维修电工班长安排正在实习的学生安装此电路，要求在接到任务后3个工作日内完成并交付负责人。

任务实施过程中，应严格遵循《机械制图》GB4457—4460—84、《电气图用图形符号》GB4728.1—85、《低压配电设计规范》GB50054—2011、电气安全工作规程、电气工程安装规程、《电气装置安装工程电气设备交接试验标准》 GB50150—2006。维修部门任务通知单如下：

**金华市高级技工学校维修部门协作通知单**

存根联： №：

| 报修部门 | | 报修人员 | |
|---|---|---|---|
| 维修地点 | 金工车间实训室 | | |
| 通知时间 | | 应完成时间 | |
| 维修（加工）内容 | 某机床控制电路出现问题，需进行维修。 | | |

**金华市高级技工学校维修部门协作通知单**

通知联： №：

| 协作部门 | □数控教研组 √电气教研组 □机电教研组 □模具教研组 | | |
|---|---|---|---|
| 报修部门 | | | |
| 维修地点 | | 报修人员 | |
| 通知时间 | | 应完成时间 | |
| 维修（加工）内容 | 教研组主任签名： | | |
| 备注 | 1.教研组及时安排好协作人员。<br>2.协作人员收到此单后，需按规定时间完成。<br>3.协作人员工作完毕，认真填好验收单，请使用人员验收签名后交回维修部门。 | | |

## 学习目标

1. 通过阅读、分析任务单，确认设备类别、安装要求等，通过勘查现场了解、核实现场情况、记录现场数据。

2. 根据任务要求，明确工作内容、工作步骤的工时、人员组织等，与小组成员共同制定出项目工作计划。

3. 能识别按钮、组合开关、接触器等电工器材，识读电气图；正确使用电工常用工具，并根据任务要求，列举所需工具和材料清单，准备工具。

4. 根据现场环境和用户要求确定布线方式，根据设备类别，利用"需要系数法"确定计算负荷，根据现场数据及计算负荷确定导线规格数量、开关及保护器件等。依据《低压配电设计规范》等和用户要求确定配电方案（电线穿管暗敷设方式、电气图纸、设备材料清单）。

5. 依照《电气装置安装工程电气设备交接试验标准》、《建筑电气工程施工质量验收规范》配合验收，并整理竣工文件材料，移交给用户。

6. 配电方案应体现环保节能意识，项目实施过程应执行7S标准。

7. 能进行自检并自我完善，能相互沟通明确改进方向。

## 学习时间

18课时

工作流程与活动：

教学活动一：明确任务（1课时）

教学活动二：制定计划（1课时）

教学活动三：工作准备（4课时）

教学活动四：实施计划（8课时）

教学活动五：检查控制（2课时）

教学活动六：评价反馈（2课时）

## 学习地点

电工实训室

## 学材

中国劳动社会保障出版社出版的《电力拖动基本控制线路》教材，学生学习工作页，电工安全操作规程，《GB50150-2006电气设备安装标准》。

## 学习目标

通过阅读、分析任务单，确认设备类别、安装要求等。

## 学习地点

电工实训室

## 学习课时

1课时

## 学习过程

# 一、认真阅读工作情景描述及任务单，完成以下内容。

**任务单**

编号：0004

| 设备名称 | 普通车床 | 制造厂家 | 大连机床厂 | 型号规格 | CD6140 |
|---|---|---|---|---|---|
| 设备台数 | 30 | | | | |
| 主轴电动机型号 | Y90L-4 | 主轴电动机额定功率 | 7.5KW | 额定电压 | 3×380V |
| 冷却泵电动机型号 | JCB-25 | 冷却泵电动机功率 | 90W | 额定电压 | 3×380V |
| 供电方式 | 三相四线制供电方式 | | | | |
| 施工项目 | 安装某机床主轴点动连续控制电路，并进行调试及检修。 | | | | |
| 开工日期 | | 竣工日期 | | 施工单位 | |
| 验收日期 | | 验收单位 | | 接收单位 | |
| 车间用电设备的基本情况介绍 | | | | | |

问题1：设备的名称型号是什么，共有几台设备？

问题2：一台普通车床共有几台电动机，额定功率各是多少，统计后填入下表内？

| 电动机台套号 | 在机床中的作用 | 型号 | 额定功率/kW |
|---|---|---|---|
| 1# | | | |
| 2# | | | |

问题3：该设备的供电方式是何种方式？

## 二、根据工作任务单中的设备类型和电动机额定功率

问题1：查阅相关资料，明确安装设备属于何种用电设备的类型。

问题2：查阅资料，判断一下所安装的机床属于何种工作制的用电设备？

 **小提示**

用电负荷工作制的分类

1. 长期连续工作制设备

这类设备能长期连续运行，每次连续工作时间超过8h，而且运行时负荷比较稳定。例如：车间常用的普通车床的动力部分有三台电动机，主轴电动机，冷却泵电动机，快速进给电动机，这些电动机一般都要求能长期连续工作。

2. 短时工作制设备

这类设备的工作时间较短，而停歇时间相对较长，如有些机床上的辅助电动机，就属于短时工作制设备。

3. 反复短时工作制设备

这类设备的工作呈周期性，时而工作时而停歇，如此反复，且工作时间与停歇时间有一定比例，如电焊设备、吊车、电梯等。

教学活动二 制定计划

### 学习目标

根据任务要求，明确工作内容、工作步骤的工时、人员组织等，与小组成员共同制定出工作计划。

### 学习地点

电工实训室

### 学习课时

1课时

### 学习过程

## 一、学生分组（每小组6人）

1.在教师指导下，自选组长，由组长与班里同学协商，组成学习小组，确定小组名称。

分组名单

| 小组名 | 组长 | 组员 |
| --- | --- | --- |
|  |  |  |
|  |  |  |
|  |  |  |
|  |  |  |
|  |  |  |
|  |  |  |
|  |  |  |

2.确定小组各成员职责

| 小组成员 | 姓名 | 职责 |
| --- | --- | --- |
| 组长 | | |
| 安全员 | | |
| 工具员 | | |
| 材料员 | | |
| 组员 | | |
| 组员 | | |

## 二、根据工作任务制定工作计划

工作计划表

| 序号 | 工作内容 | 工期 | 人员安排 | 地点 | 备注 |
| --- | --- | --- | --- | --- | --- |
| | | | | | |
| | | | | | |
| | | | | | |
| | | | | | |
| | | | | | |
| | | | | | |
| | | | | | |

教学活动三 工作准备

学习目标

1.能识别时间继电器、自耦变压器等元器件，并掌握其选型。

2.学会绘制、识读电气控制电路的电路图、接线图和布置图。

3.能根据电动机容量选用元器件，能列出工具和材料清单。

学习地点

电工实训室

学习课时

4课时

学习过程

学习与思考

# 一、学一学：

1.时间继电器

（1）在得到动作信号后，能按照一定的时间要求控制触头动作的继电器，称为时间继电器。

（2）种类。时间继电器的种类很多，常用的主要有电磁式、电动式、空气阻尼式、晶体管式、单片机控制式等类型。

（3）空气阻尼式时间继电器符号。

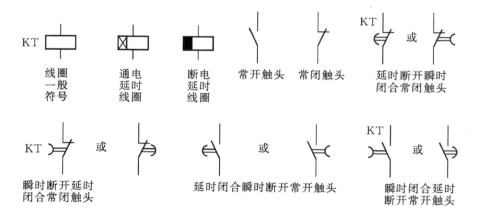

KT

线圈 一般 符号　　通电延时线圈　　断电延时线圈　　常开触头　　常闭触头　　延时断开瞬时闭合常闭触头

瞬时断开延时闭合常闭触头　　延时闭合瞬时断开常开触头　　瞬时闭合延时断开常开触头

时间继电器的符号

（4）型号及含义

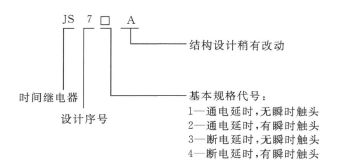

（5）选用

① 根据系统的延时范围和精度选择时间继电器的类型和系列。目前在电力拖动控制线路中，大多选用晶体管式时间继电器。

② 根据控制线路的要求选择时间继电器的延时方式（通电延时或断电延时）。同时，还必须考虑线路对瞬时动作触头的要求。

③ 根据控制线路电压选择时间继电器吸引线圈的电压。

2．中间继电器

（1）功能

中间继电器一般用来增加控制电路中的信号数量或将信号放大。其输入信号是线圈的通电和断电，输出信号是触头的动作。当其他电器的触头数或触点容量不够时，可借助中间继电器作中间转换用，来控制多个元件或回路。

（2）对于工作电流小于5A的电气控制线路，可用中间继电器代替接触器来控制。

（3）符号

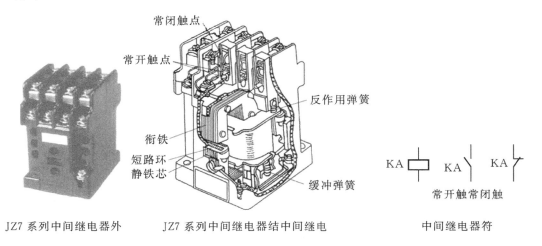

JZ7 系列中间继电器外　　JZ7 系列中间继电器结中间继电　　中间继电器符

图4-1

型号及含义

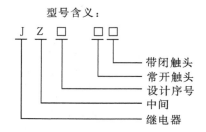

型号含义：

J Z □ □□

带闭触头
常开触头
设计序号
中间
继电器

### 3.降压启动

利用启动设备将电压适当降低后，加到电动机的定子绕组上进行启动，待电动机启动运行后，再使其电压恢复到额定电压正常运转。

（1）全压启动：启动时加在电动机定子绕组上的电压为电动机的额定电压。

（2）电动机的直接启动条件：

$$\frac{I_{ST}}{I_N} \leqslant \frac{3}{4} + \frac{S}{4P}$$

（3）全压启动的优缺点

① 优点：所用电气设备少，线路简单，维修量较小。

② 缺点：电源变压器容量不够大，而电动机功率较大的情况下，全压启动将导致电源变压器输出电压下降，不仅减小电动机本身的启动转矩，而且会影响同一供电线路中其他电气设备的正常工作。

（4）通常规定：电源容量在180kVA以上，电动机容量在7kW以下的三相异步电动机可采用全压启动。否则，则需要进行降压启动。

（5）降压启动的方法

常见的降压启动方法有以下几种：定子绕组串接电阻降压启动、自耦变压器降压启动、Y－△形降压启动、延边三角形降压启动等。

### 4.定子绕组串接电阻降压启动

（1）怎样在电动机定子绕组串接电阻降压启动控制线路。

如图4-2所示先合上电源开关QS1，电源电压通过串联电阻R分压后加到电动机的定子绕组上进行降压启动；当电动机的转速升高到一定值时，再合上QS2，这时电阻R被开关QS2的触头短接，电源电压直接加到定子绕组上，电动机便在额定电压下正常运转。

（2）定子绕组串接电阻降压启动特点

定子绕组串接电阻降压启动是指在电动机启动时，把电阻串接在电动机定子绕组与电源之间，通过电阻的分压作用来降低定子绕组上的启动电压。待电动机启动后，再将

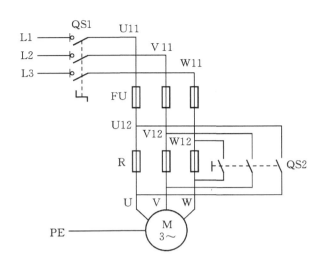

图4-2　电动机定子绕组串联电阻降压启动控制线路

电阻短接，使电动机在额定电压下正常运行。

（3）电阻选择

启动电阻R一般采用ZX1、ZX2系列铸铁电阻。铸铁电阻能够通过较大电流，功率大。

$$P=\frac{1}{3}I_N^2R$$

$$I_{st}=（4\text{-}7）I_N　（额定电流）$$

$$I_{st}=（2\text{-}3）I_N$$

$$R=190\frac{I_{st}-I_{st}}{I_{st}-I_{st}}$$

（4）控制类型

这种降压启动控制线路有手动控制、按钮与接触器控制、时间继电器自动控制和手动自动混合控制四种常见形式。

（5）缺点

减小了电动机启动转矩，启动时电阻消耗功率较大。若启动频繁，则电阻温度很高，对精密机床会产生一定影响，故目前此启动方法正逐步减少。

3.自耦变压器降压启动控制线路

自耦变压器降压启动是在电动机启动时，利用自耦变压器来降低加在电动机定子绕组上的启动电压。待电动机启动后，再使电动机与自耦变压器脱离，从而在全压下正常运行。

（1）电路原理图

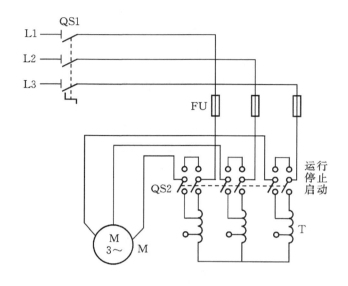

图4-3　电路原理图

（2）自耦变压器

① QJD3系列油浸式手动自耦减压启动器： 具有过载和失压保护，适用于一般工业用交流50HZ或60HZ、额定电压380V、功率10～75kW的三相笼式异步电动机，做不频繁降压启动和停止用。

② QJ10系列空气式手动自耦减压启动器： 该系列启动器适用于交流50Hz、电压380V及以下、容量75kW及以下的三相笼型异步电动机，作不频繁降压启动和停止用。

③ XJ01系列自耦减压启动箱：广泛用于交流为50Hz、电压为380V、功率为14～300kW的三相笼型异步电动机的降压启动。

6.Y-△降压启动线路

（1）Y-△降压启动是指电动机启动时，把定子绕组接成Y形，以降低启动电压，限制启动电流。待电动机启动后，再将定子绕组改成△连接，使电动机全压运行。电动机启动时，定子绕组接成Y形，加在每相定子绕组上的启动电压只有△形接法的$1/\sqrt{3}$，启动电流为△形接法的$1/\sqrt{3}$，启动转矩也是△形接法的$1/\sqrt{3}$。所以这种降压启动方法只适用于轻载或空载下启动。凡是在正常运行时定子绕组作△形连接的异步电动机，均可采用这种降压启动方法。

（2）异步三相电动机绕组Y-△接线图

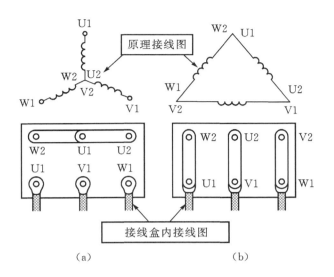

图4-4　异步三相电动机绕组Y—△接线图

（3）手动Y-△降压接线图

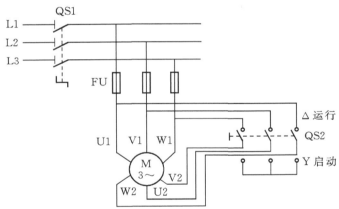

图4-5

（4）手动Y-△启动器接线图

| 接点 | 手柄位置 | | |
|---|---|---|---|
| | 启动V | 停止O | 运行△ |
| 1 | × | | × |
| 2 | × | | × |
| 3 | | | × |
| 4 | | | × |
| 5 | × | | |
| 6 | × | | |
| 7 | | | × |
| 8 | × | | × |

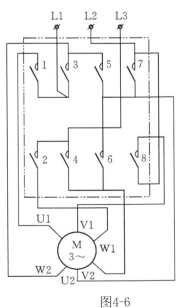

图4-6

（5）时间继电器自动控制Y-△降压启动线路

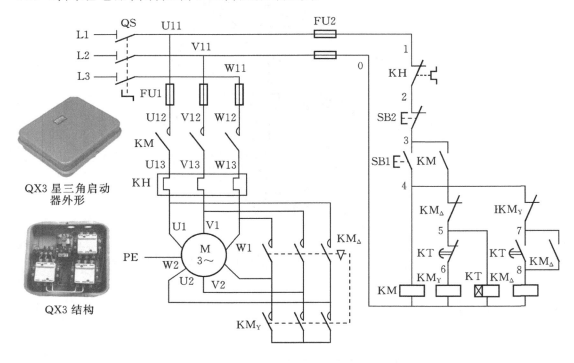

图4-7　QX3星三角启动器电路图

（6）控制回路工作原理

按下启动按钮SB2，主回路电源启动，KM线圈得电，其常开触点闭合，实现自保持，SB2复归；下面的时间继电器线圈回路和KM-Y线圈回路也接通，这时Y型启动已经实现，通过时间继电器的整定，Y型回路的时间继电器NC（常闭）触点得电后要延时打开，使Y启动保持住；而△回路KT的NO（常开）触点得电后要延时闭合，使得△型回路不得电，同时Y型启动的接触器常闭接点对△回路有闭锁（Y-△两回路都要有闭锁）。整定时间到后，时间继电器的常开触点瞬时闭合，接通△型回路，KM-△线圈得电，其常开触点闭合，起保持作用，而其常闭触点断开，切断Y型启动回路，同时另一个常闭触点使得KT时间继电器回路断开，KT线圈失电，常闭瞬时复归，常开也复归，电机此时已经处于正常运行状态，实现了降压启动。

（7）故障分析

① 电动机不能启动

a. 从主电路来分析：

熔断器FU1断路、接触器KM、KMY主触点接触不良、热继电器KH主通路有断点、电动机M绕组有故障。

b. 从控制电路来分析：

（a）1号线至2号线热继电器KH常闭触点接触不良；

（b）2号导线至3号导线间的按钮SB2常闭触点接触不良；

（c）4号导线至5号导线接触器KM△的常闭触点接触不良；

（d）5号导线至6号导线间的时间继电器KT延时断开瞬时闭合触点接触不良；

（e）接触器KM及接触器KMY线圈损坏等。

② 电动机能Y形启动但不能转换为△形运行

a.从主电路分析有接触器KM△主触点闭合接触不良；

b.从控制电路来分析有4号导线至5号导线间接触器KM△常闭触点接触不好、时间继电器KT线圈损坏、7号导线至8号导线间接触器KMY常闭触点接触不良、接触器KM△线圈损坏等。

7. 延边三角形降压启动控制线路

启动时，把定子三相绕组的一部分联接成三角形，另一部分联接成星形，每相绕组上所承受的电压，比三角形联接时的相电压要低，比星形联接时的相电压要高，电动机延边三角形降压启动，待电动机启动运转后，再将绕组联接三角形，全压运行。

（1）延边三角形降压启动电动机定子绕组的联接方式

（2）延边三角形降压启动自动控制原理图

 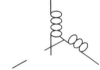 

（a)有9个接线端子原始图　（b)延边三角形启动图　（c)延边三角形正常运行图

图4-8

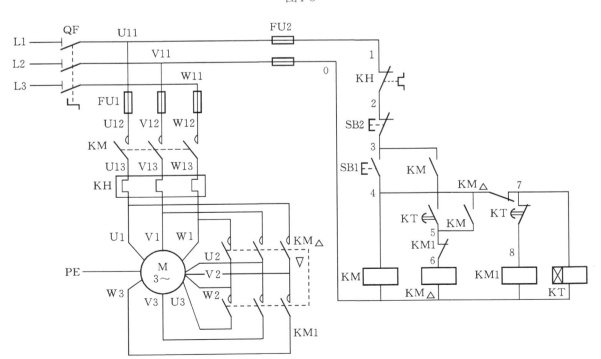

图4-9　延边△降压启动控制线路

## 二、练一练

1. 三相异步电动机在启动时，如果我们在电源电路中并接上一个灯泡，你会发现，在电动机启动过程中，灯泡会变暗一下，是什么原因让灯泡变暗的？

2. 什么是三相异步电动机的直接启动？三相异步电动机直接启动有什么特点？

3. 三相异步电动机定子绕组接成Y形和△形有什么区别？

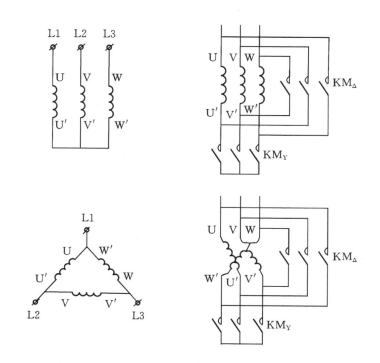

图4-10　三相异步电动机定子绕组的Y形和△形接法

电动机接成Y形，加在每相定子绕组上的电压只有 △ 形接法的_____，电流为 △ 形接法的_____，转矩也只有 △ 接法的_____。

4. 认识时间继电器。

（1）时间继电器的主要用途是_____。

按延时方式可分为通电延时型与断电延时型两种。通电延时型是指时间继电器接受到电信号后，等待一段时间，时间继电器的触头_____；当电信号取消（断电），其触头_____。而断电延时型是指时间继电器接受到电信号后，其触头_____；当电信号取消（断电）后，等待一段时间，其触头_____。

图4-11　时间继电器

（2）工作原理

JS7—A型空气式时间继电器，它是利用空气的阻尼作用而获得动作延时的，主要由_____、_____、_____和_____组成。当吸引线圈通电时，动铁心就被吸下，使铁心与活塞杆之间有一段距离；在释放弹簧的作用下，活塞杆就向下移动。由于在活塞上固定有一层橡皮膜，因此当活塞向下移动时，橡皮膜上方空气变稀薄，压力减小，而下方的压力加大，限制了活塞杆下移的速度。只有当空气从进气孔进入时，活塞杆才继续下移，直至压下杠杆，使微动开关动作。可见，从线圈通电开始到触点（微动开关）动作需要经过一段时间，此即继电器的_____。旋转调节螺钉，改变_____，就可以调节延时时间的长短。线圈断电后复位弹簧使橡皮膜上升，空气从单向排气孔迅速排出，不产生延时作用。这类时间继电器称为通电延时式继电器，它有两对通电延时的触点，一对是动合触点，一对是动断触点，此外还可装设一个具有两对瞬时动作触点的微动开关。调整_____；还可成为断电延时式继电器，即通电时它的触点动作，而断电后要经过一段时间它的触点才能复位。

（3）写出电气符号的名称或画出要求的电气符号

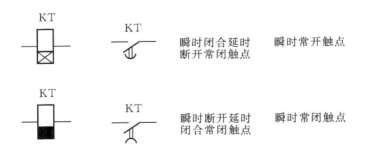

图4-12　时间继电器

5．降压启动的方法有哪些，各自适用什么场合？

6．一台三相笼型异步电动机，功率为20kW，额定电流为38.4A，电压为380V，问各相应串联多大的启动电阻降压启动？

7. 画出Y-△降压启动电路，电动机Y和△连接时的定子绕组接线图。

8. 有一三相异步电动机，额定电压380V。每相绕组的$R=20\,\Omega$，$X_L=15\,\Omega$，试分别计算负载接成Y形和△形时相电压、线电压、相电流、线电流的大小。

## 三、电路分析

**学习与思考**

1. 分析通电延时Y-△降压启动控制线路的工作原理。

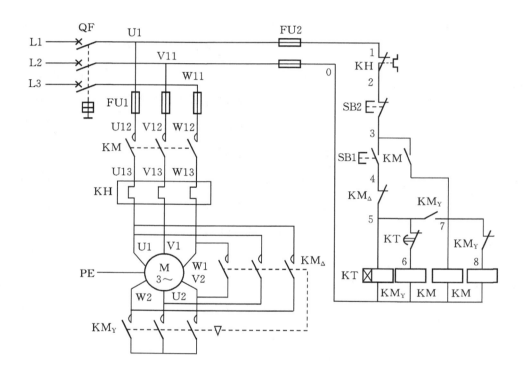

图4-13　三相异步电动机通电延时Y-△降压启动控制线路原理图

（1）电路图中出现的基本元器件有哪些？有何作用？

（2）从电源到电动机的部分称为_____电路。另外部分按扭和接触器线圈部分电路称为_____电路。

（3）电路能实现那些保护？

（4）电路是如何工作的（即工作原理）？对电动机实现哪种控制功能？

## 四、绘制元器件布置图和接线图

1. 根据原理图绘制元器件布置图。

2. 根据原理图绘制接线图。

## 五、元器件的选用

1. 熔断器的选用原则。

2. 组合开关的选用原则。

3. 交流接触器的选用原则。

4. 按钮的选用。

5. 接线端子的选用。

6. 导线的选用。

7. 热继电器的整定电流的设置。

8. 时间继电器的选用。

## 六、材料清单购置表

金华市 技师学院 高级技工学校 （金华市工业干校）

（ ）类财产申购单 财产类别：

<table>
<tr><th>序号</th><th>名称</th><th>厂家、型号、规格</th><th>单位</th><th>数量</th><th>单价（元）</th><th>金额（元）</th><th rowspan="6">需购部门意见：<br><br>审查人________</th></tr>
<tr><td>1</td><td></td><td></td><td></td><td></td><td></td><td></td></tr>
<tr><td>2</td><td></td><td></td><td></td><td></td><td></td><td></td></tr>
<tr><td>3</td><td></td><td></td><td></td><td></td><td></td><td></td></tr>
<tr><td>4</td><td></td><td></td><td></td><td></td><td></td><td></td></tr>
<tr><td>5</td><td></td><td></td><td></td><td></td><td></td><td></td></tr>
<tr><td>6</td><td></td><td></td><td></td><td></td><td></td><td></td><td rowspan="6">主管部门或领导审核意见：<br><br>审核人________</td></tr>
<tr><td>7</td><td></td><td></td><td></td><td></td><td></td><td></td></tr>
<tr><td>8</td><td></td><td></td><td></td><td></td><td></td><td></td></tr>
<tr><td>9</td><td></td><td></td><td></td><td></td><td></td><td></td></tr>
<tr><td>10</td><td></td><td></td><td></td><td></td><td></td><td></td></tr>
<tr><td>11</td><td></td><td></td><td></td><td></td><td></td><td></td></tr>
<tr><td>12</td><td></td><td></td><td></td><td></td><td></td><td></td><td rowspan="5">审批人意见：<br><br>审批人________</td></tr>
<tr><td>13</td><td></td><td></td><td></td><td></td><td></td><td></td></tr>
<tr><td>14</td><td></td><td></td><td></td><td></td><td></td><td></td></tr>
<tr><td>15</td><td></td><td></td><td></td><td></td><td></td><td></td></tr>
<tr><td colspan="2">合计金额</td><td colspan="5"></td></tr>
</table>

第 1 页 共 1 页 申请（制表）人：

教学活动四　实施计划

## 学习目标

1.掌握电器元件的检查方法，熟悉安装工艺。

2.熟悉电动机控制电路的一般安装步骤，学会安装点动控制电路。

## 学习地点

电工实训室

## 学习课时

8课时

## 学习过程

## 一、元器件的自检

学生以组为单位，在组长的带领下，利用万用表及目测对时间继电器进行检测，并填写表格。

1.找出时间继电器瞬时触头、延时触头和线圈触头的位置。

2.测出时间继电器动作与没有动作情况下各触头间的阻值。

3.人为使时间继电器的线圈吸合，区分延时闭合和延时分断触头，并调节延时时间。

| 检查项目 | 动作前阻值 | 动作后阻值 | 是否损坏 | 损坏的可能原因 |
|---|---|---|---|---|
| 找出瞬时触头，观察其动作过程并测量阻值。 | | | | |
| 找出延时触头，观察其动作过程并测量阻值。 | | | | |
| 找出线圈触头并测量阻值。 | | | | |

## 二、按图完成电路安装

**学习与思考**

1. 元器件的安装方法及工艺要求。

2. 布线的工艺要求。

3. 安装电气控制线路的方法和步骤。

4. 电气控制线路安装时的注意事项。

**教学活动五　检查控制**

**学习目标**

1. 掌握通电试车的步骤。

2. 了解通电延时Y-△降压启动控制线路运行故障的种类和现象，能应用电阻检测法进行线路故障的排除。

**学习地点**

电工实训室

**学习课时**

2课时

**学习过程**

## 一、通电试车

1. 通电前检查

（1）主电路接线检查。按电路图或接线图从电源端开始，逐段核对接线有无漏接、错接之处，检查导线接点是否符合要求，压接是否牢固。

（2）控制电路接线检查。用万用表电阻挡检查控制电路接线情况。

（3）断开主电路，将表笔分别搭在U11、V11线端上，读数应为"∞"。按下点动按钮SB时，万用表读数应为接触器线圈的直流电阻值（如CJ10－10线圈的直流电阻值约为1800Ω）；松开SB，万用表读数应为"∞"。然后断开控制电路再检查主电路有无开路或短路现象，此时可用手动来代替按钮进行检查。

2.通电试车

学生独立完成，教师引导。

（1）为保证人身安全，在通电试车时，要认真执行安全操作规程的有关规定，经老师检查并现场监护。

（2）接通三相电源L1、L2、L3，合上电源开关QS，用电笔检查熔断器出线端，氖管亮说明电源接通。按下SB，观察接触器情况是否正常，是否符合线路功能要求，观察电器元件动作是否灵活，有无卡阻及噪声过大现象，观察电动机运行是否正常。若有异常，立即停车检查。

## 二、故障检修

### 学习与思考

1.电气故障检修的一般方法。

2.常见故障分析。

（1）合上电源开关QS，按下按钮SB，星形启动正常，延时时间到但不能切换至三角形运行

故障原因：时间继电器触头接触或接触不良。

解决方法：改正接线错误的部分接线

（2）按下按钮SB，按下按钮SB，星形启动正常，三角形运行不正常

故障原因：电动机定子绕组Y-△接线错误、两相熔断器接触不良或熔丝熔断

解决方法：提供电源、拧紧元件、更换熔丝、更改错误接线、接触不良的使其接触良好。

（3）按下按钮SB，接触器吸合，电机缺相运行

故障原因：熔断器FU1熔断丝熔断或接触不良、交流接触器主触头接触不良

解决方法：更换熔丝、接触不良的使其接触良好

3.交叉设置故障，进行检修训练。

在配线板上人为设置1~2处模拟导线接触不良、压绝缘层、接头氧化等形成的隐蔽故障的断路故障，可设置在控制电路中也可设置在主电路中。

# 三、验收

金华市高级技工学校设备维修验收单

| 报修记录 | | | | | | |
|---|---|---|---|---|---|---|
| 报修部门 | | 报修人 | | 报修时间 | | |
| 报修级别 | 特急□ 急□ 一般□ | | 希望完工时间 | | 年 月 日以前 | |
| 故障设备 | | 设备编号 | | 故障时间 | | |
| 故障状况 | | | | | | |
| 维修记录 | | | | | | |
| 接单人及时间 | | | 预定完工时间 | | | |
| 故障原因 | | | | | | |
| 维修类别 | | 小修□ | 中修□ | 大修□ | | |
| 维修情况 | | | | | | |
| 维修起止时间 | | | 工时总计 | | | |
| 耗用材料名称 | 规格 | 数量 | 耗用材料名称 | 规格 | | 数量 |
| | | | | | | |
| | | | | | | |
| | | | | | | |
| 维修人员建议 | | | | | | |
| 验收记录 | | | | | | |
| 验收部门 | 维修开始时间 | | 完工时间 | | | |
| | 维修结果 | | 验收人： 日期： | | | |
| | 设备部门 | | 验收人： 日期： | | | |

注：本单一式两份，一联报修部门存根，一联交维修部门。

教学活动六　评价反馈

## 学习目标

1. 自查生产现场管理7S标准执行力。

2. 提高自我学习、信息处理、数字应用等方法能力及与人交流、与人合作、解决问题等社会能力。

## 学习地点

电工实训室

## 学习课时

2课时

## 学习过程

### 一、小组展示学习成果

每小组派一名代表讲解本组负责检修车床的故障现象，逻辑分析得出的故障范围，检测结果及故障排除情况，自我评定评价表中各项成绩，并说明理由。

### 二、小组互评学习任务完成情况（为评价表中的每项评分），并说明理由

### 三、教师评价

教师根据各小组任务完成情况给出各小组本任务综合成绩。

### 四、工作总结

学习任务评价表

| 序号 | 主要内容 | | 考核要求 | 评分标准 | 配分 | 自我评价 | 小组互评 | 教师评价 |
|---|---|---|---|---|---|---|---|---|
| 1 | 职业素质 | 劳动纪律 | 按时上下课，遵守实训现场规章制度 | 上课迟到、早退、不服从指导老师管理，或不遵守实训现场规章制度扣1～7分 | 7 | | | |
| | | 工作态度 | 认真完成学习任务，主动钻研专业技能 | 上课学习不认真，不能按指导老师要求完成学习任务扣1～7分 | 7 | | | |
| | | 职业规范 | 遵守电工操作规程及规范 | 不遵守电工操作规程及规范扣1～6分 | 6 | | | |
| 2 | 专业技能 | 选择检测器材 | 1．按考核图提供的电路及电机功率，选择安装器材的型号规格和数量并填写在元器件明细表中<br>2.检测元器件 | 1.接触器、熔断器、热继电器，选择不当每件扣2分，其它器材选择不当每件扣1分<br>2.元器件检测失误每件扣2分 | 10 | | | |
| | | 安装工艺 | 1.元件布局合理、整齐<br>2.布线规范、整齐，横平坚直<br>3.导线连线紧固、接触良好 | 1.元件布局不合理安装不牢固，每处扣2分<br>2.布线不合理，不规范，接线松动，露铜反圈，接触不良等每处扣1分 | 10 | | | |
| | | 安装正确及通电试车 | 1.按图接线正确<br>2.正确调整热继电路的整定值，并填写在元器件明细表中<br>3.通电试车一次成功<br>4.通电操作步骤正确 | 1.热继电器整定值调整不当扣2分<br>2.未按图接线，或线路功能不全每处扣10分<br>3.在额定时间内允许返修一次，扣10分<br>4.通电试车步骤不正确扣2～10分 | 30 | | | |
| | | 故障分析及排除 | 分析故障原因，思路正确，能正确查找故障并排除 | 1．实际排除故障中思路不清楚，每个故障点扣3分<br>2.每少查出一个故障点扣5分<br>3.每少排除一个故障点扣3分<br>4.排除故障方法不正确，每处扣5分 | 20 | | | |
| 3 | 创新能力 | | 工作思路、方法有创新 | 工作思路、方法没有创新扣10分 | 10 | | | |
| | | | | 合计 | 100 | | | |
| 备注 | | | | 指导教师签字 | 年　月　日 | | | |

# 任务五

# 三相双速异步电动机控制线路安装与维修

# 工作任务单

金工车间某机床控制电路出现问题，需进行维修。经维修电工检查后发现，该机床头架电机控制电路已烧毁，需重新进行布线安装。现车间将任务交于维修电工班完成，维修电工班长安排正在实习的学生安装此电路，要求在接到任务后3个工作日内完成并交付负责人。

任务实施过程中，应严格遵循《机械制图》GB4457—4460—84，《电气图用图形符号》GB4728.1—85、《低压配电设计规范》GB50054—2011、电气安全工作规程、电气工程安装规程、《电气装置安装工程电气设备交接试验标准》 GB50150—2006。维修部门任务通知单如下：

**金华市高级技工学校维修部门协作通知单**

存根联： No：

| 报修部门 | | 报修人员 | |
|---|---|---|---|
| 维修地点 | 金工车间实训室 | | |
| 通知时间 | | 应完成时间 | |
| 维修（加工）内容 | 某机床控制电路出现问题，需进行维修。 | | |

**金华市高级技工学校维修部门协作通知单**

通知联： No：

| 协作部门 | □数控教研组　√电气教研组　□机电教研组　□模具教研组 | | |
|---|---|---|---|
| 报修部门 | | | |
| 维修地点 | | 报修人员 | |
| 通知时间 | | 应完成时间 | |
| 维修（加工）内容 | 教研组主任签名： | | |
| 备注 | 1. 教研组及时安排好协作人员。<br>2. 协作人员收到此单后，需按规定时间完成。<br>3. 协作人员工作完毕，认真填好验收单，请使用人员验收签名后交回维修部门。 | | |

## 学习目标

1.通过阅读、分析任务单，确认设备类别、安装要求等，通过勘查现场了解、核实现场情况、记录现场数据。

2.根据任务要求，明确工作内容、工作步骤的工时、人员组织等，与小组成员共同制定出项目工作计划。

3.能识别时间继电器等电工器材，识读电气图；正确使用电工常用工具，并根据任务要求，列举所需工具和材料清单，准备工具。

4.根据现场环境和用户要求确定布线方式，根据设备类别，利用"需要系数法"确定计算负荷，根据现场数据及计算负荷确定导线规格数量、开关及保护器件等。依据《低压配电设计规范》等和用户要求确定配电方案（电线穿管暗敷设方式、电气图纸、设备材料清单）。

5.依照《电气装置安装工程电气设备交接试验标准》、《建筑电气工程施工质量验收规范》配合验收，并整理竣工文件材料，移交给用户。

6.配电方案应体现环保节能意识，项目实施过程应执行7S标准。

7.能进行自检并自我完善，能相互沟通明确改进方向。

## 学习时间

18课时

工作流程与活动：

教学活动一：明确任务（1课时）

教学活动二：制定计划（1课时）

教学活动三：工作准备（4课时）

教学活动四：实施计划（8课时）

教学活动五：检查控制（2课时）

教学活动六：评价反馈（2课时）

## 学习地点

电工实训室

## 学材

中国劳动社会保障出版社出版的《电力拖动基本控制线路》教材，学生学习工作页，电工安全操作规程，《GB50150-2006电气设备安装标准》。

教学活动一　明确任务

### 学习目标

通过阅读、分析任务单，确认设备类别、安装要求等。

### 学习地点

电工实训室

### 学习课时

1课时

### 学习过程

## 一、认真阅读工作情景描述及任务单，查阅相关资料，完成以下内容。

### 任务单

编号：　0005

| 设备名称 | 外圆磨床 | 制造厂家 | 大连机床厂 | 型号规格 | M1432A |
|---|---|---|---|---|---|
| 设备台数 | 30 | | | | |
| 头架电动机型号 | YUD90LA-8/4 | 头架电动机额定功率 | 0.55/1.1kW | 额定电压 | 3×380V |
| 冷却泵电动机型号 | DB-25 | 冷却泵电动机功率 | 0.12kW | 额定电压 | 3×380V |
| 供电方式 | 三相四线制供电方式 | | | | |
| 施工项目 | 安装M1432A万能外圆磨床头架电动机双速控制电路，并进行调试及检修。 | | | | |
| 开工日期 | | 竣工日期 | | 施工单位 | |
| 验收日期 | | 验收单位 | | 接收单位 | |
| 车间用电设备的基本情况介绍 | | | | | |

问题1：设备的名称型号是什么，共有几台设备？

问题2：M1432A万能外圆磨床共有几台电动机，额定功率各是多少，统计后填入下表内？

| 电动机台套号 | 在机床中的作用 | 型号 | 额定功率/kW |
|---|---|---|---|
| 1# | | | |
| 2# | | | |
| 3# | | | |
| 4# | | | |
| 5# | | | |

问题3：该设备的供电方式是何种方式？

教学活动二 制定计划

## 学习目标

根据任务要求，明确工作内容、工作步骤的工时、人员组织等，与小组成员共同制定出工作计划。

## 学习地点

电工实训室

## 学习课时

1课时

## 学习过程

### 一、学生分组（每小组6人）

1. 在教师指导下，自选组长，由组长与班里同学协商，组成学习小组，确定小组名称。

分组名单

| 小组名 | 组长 | 组员 |
|--------|------|------|
|        |      |      |
|        |      |      |
|        |      |      |
|        |      |      |
|        |      |      |
|        |      |      |
|        |      |      |

2.确定小组各成员职责

| 小组成员 | 姓名 | 职责 |
|----------|------|------|
| 组长     |      |      |
| 安全员   |      |      |
| 工具员   |      |      |
| 材料员   |      |      |
| 组员     |      |      |
| 组员     |      |      |

## 二、根据工作任务制定工作计划

工作计划表

| 序号 | 工作内容 | 工期 | 人员安排 | 地点 | 备注 |
|------|----------|------|----------|------|------|
|      |          |      |          |      |      |
|      |          |      |          |      |      |
|      |          |      |          |      |      |
|      |          |      |          |      |      |
|      |          |      |          |      |      |
|      |          |      |          |      |      |

教学活 动三　工作准备

## 学习目标

1. 能识别时间继电器、自耦变压器等元器件，并掌握其选型。
2. 学会绘制、识读电气控制电路的电路图、接线图和布置图。
3. 能根据电动机容量选用元器件，能列出工具和材料清单。

## 学习地点

电工实训室

## 学习课时

4课时

## 学习过程

## 学习与思考

## 一、学一学：

1. 三相异步电动机的调速

在实际应用中，往往要改变异步电动机的转速，即调速。从异步电动机转速公式：

$n = \dfrac{\theta f}{P}(1-S)$ 可以看出，异步电动机调速有三种方法：

（1）改变定子绕组磁极对数$p$——变极调速；

（2）改变电动机的转差率$S$——变转子电阻，或改变定子绕组上的电压；

（3）改变供给电动机电源的频率$f$——变频调速。

2. 变极调速

变极调速是通过改变定子绕组的连接方式来实现，是有级调速，且只适用于笼型异步电动机。 凡磁极对数可改变的电动机称为多速电动机。多速电动机具有可随负载性质的要求而分级地变换转速，从而达到合理地匹配功率和简化变速系统的特点，适用于需要逐级调速的各种传动机构，主要应用于万能、组合、专用切削机床及冶金、纺织、印染、化工、农机等行业。如T68型镗床的主轴电动机就采用了双速电动机。常见的多速电动机有双速、三速、四速等几种类型。

本次的工作任务是安装与检修双速电动机控制线路。

3. 双速异步电动机定子绕组的连接

双速异步电动机定子绕组的△/YY连接图如图5-1所示。图中，三相定子绕组接成△形，由三个连接点接出三个出线端U1、V1、W1，从每相绕组的中心各接出一个出线端U2、V2、W2，这样定子绕组共有6个出线端。通过改变这6个出线端与电源的连接方式，就可以得到两种不同的转速。

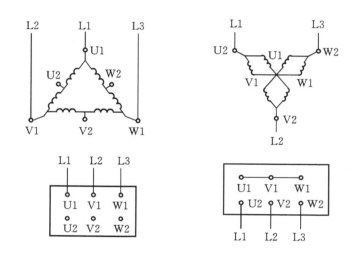

图5-1 双速电动机三相定子绕组 △/YY

电动机低速工作时，把三相电源分别接在出线端U1、V1、W1上，另外三个出线端U2、V2、W2空着不接，此时电动机定子绕组接成△形，磁极为4极，同步转速为1500r/min。

电动机高速工作时，把三个出线端U1、V1、W1并接在一起，三相电源分别接到另外三个出线端U2、V2、W2上，这时电动机定子绕组接成YY形，磁极为2极，同步转速为3000r/min。

双速电动机高速运转时的转速是低速运转转速的两倍。

值得注意的是，双速电动机定子绕组从一种接法改变为另一种接法时，必须把电源相序反接，以保证电动机的旋转方向不变。

4. 双速电动机控制线路

用按钮和时间继电器控制双速电动机低速启动高速运转的电路图，如图5-2所示。时间继电器KT控制电动机△形启动时间和△-YY的自动换接运转。

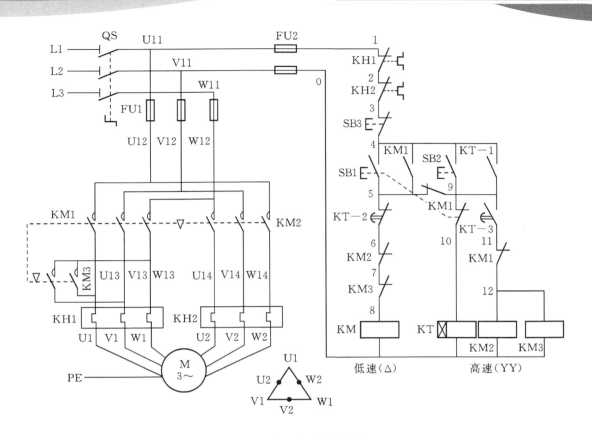

图5-2　双速电动机控制线路

线路工作原理如下：

先合上电源开关QS

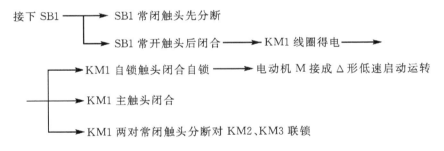

△形低速启动运转：

按下 SB1 ——→ SB1 常闭触头先分断

　　　　　——→ SB1 常开触头后闭合 ——→ KM1 线圈得电 ——→

——→ KM1 自锁触头闭合自锁 ——→ 电动机 M 接成 △形低速启动运转

——→ KM1 主触头闭合

——→ KM1 两对常闭触头分断对 KM2、KM3 联锁

YY形高速运转：

按下 SB2 ——→ KT 线圈得电 ——→ KT－1 常开触头瞬时闭合自锁 ——→

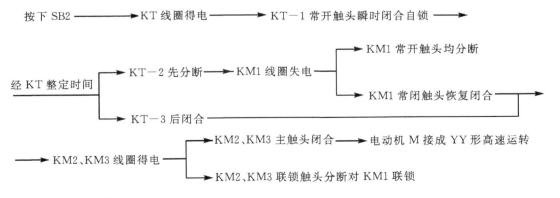

　　　　　　　　　　　　　　　　——→ KM1 常开触头均分断

经 KT 整定时间 ——→ KT－2 先分断 ——→ KM1 线圈失电

　　　　　　　　　　　　　　　　——→ KM1 常闭触头恢复闭合 ——→

　　　　　　　——→ KT－3 后闭合

　　　　　　　　　　　——→ KM2、KM3 主触头闭合 ——→ 电动机 M 接成 YY 形高速运转

——→ KM2、KM3 线圈得电

　　　　　　　　　　　——→ KM2、KM3 联锁触头分断对 KM1 联锁

停止时，按下 SB3 即可。

若电动机只需高速运转时，可直接按下SB2，则电动机△形低速启动后，YY高速运转。

## 二、练一练：

1.改变三相异步电动机转速的方法有：改变_____；改变_____；改变_____三种。

2.常见的双速电动机的绕组接线方式有：_____及_____两种。

3.双速电动机 △/YY绕组如图5-3所示图。当绕组的1、2、3号出线端接_____，而使4、5、6号出线端_____时，电机绕组接成三角形，每相绕组中有两个线圈串联，成四个极，电动机低速运转；当把1、2、3号端子_____，4、5、6号端子接_____时，则绕组为双星形，每相绕组中两个线圈并联，成两个极，电机作高速运转。

4.双速电动机Y/YY绕组如图5-4所示图。当绕组的1、2、3号出线端接_____，而使4、5、6号出线端_____时，电机绕组接成Y形，每相绕组中有两个线圈串联，成四个极，电动机低速运转；当把1、2、3号端子_____，4、5、6号端子接_____时，则绕组为双星形，每相绕组中两个线圈并联，成两个极，电机作高速运转。

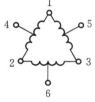

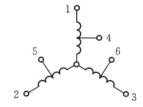

图5-3　双速电动机 △/YY绕组示意图　　　　图5-4　双速电动机Y/YY绕组示意图

5.双速电动机低速运转时是高速运转时的转速时的_____倍。

6.变级调速是_____调速，只适用于_____异步电动机。

7.双速电动机定子绕组从一种接法改变为另一种接法，必须把电源相序_____，以保证电动机两种转速下的转向相同。

## 三、电路分析

### 学习与思考

分析双速电动机控制线路的工作原理

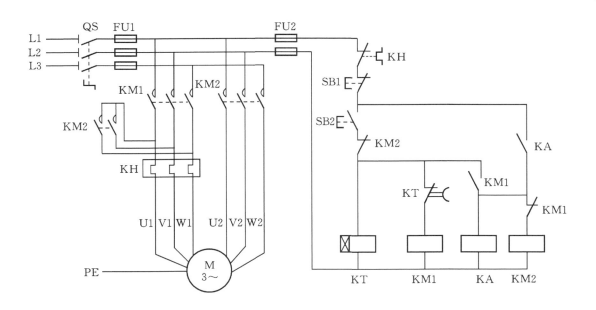

图5-5 通电延时自动变速控制电路

（1）电路图5-5中出现的基本元器件有哪些？有何作用？

（2）从电源到电动机的部分称为_____电路。另外部分按扭和接触器线圈部分电路称为电路。

（3）电路能实现那些保护？

（4）电路是如何工作的（即工作原理）？对电动机实现哪种控制功能？

## 四、绘制元器件布置图和接线图

1. 根据原理图绘制元器件布置图

2. 根据原理图绘制接线图

## 五、元器件的选用

根据双速电动机功率写出各元器件的型号和规格及整定值。

## 六、材料清单购置表

财产类别：

金华市　技师学院　（金华市工业干校）
　　　　高级技工学校（金华市工业中专）

（　　）类财产申购单

| 序号 | 名称 | 厂家、型号、规格 | 单位 | 数量 | 单价（元） | 金额（元） |
|---|---|---|---|---|---|---|
| 1 | | | | | | |
| 2 | | | | | | |
| 3 | | | | | | |
| 4 | | | | | | |
| 5 | | | | | | |
| 6 | | | | | | |
| 7 | | | | | | |
| 8 | | | | | | |
| 9 | | | | | | |
| 10 | | | | | | |
| 11 | | | | | | |
| 12 | | | | | | |
| 13 | | | | | | |
| 14 | | | | | | |
| 15 | | | | | | |
| 合计金额 | | | | | | |

需购部门意见：

审查人 ——

主管部门或领导审核意见：

审核人 ——

审批人意见：

审批人 ——

申请（制表）人：

第 1 页　共 1 页

## 学习目标

1. 掌握电器元件的检查方法，熟悉安装工艺。

2. 熟悉电动机控制电路的一般安装步骤，学会安装双速控制电路。

## 学习地点

电工实训室

## 学习课时

8课时

## 学习过程

### 一、元器件的自检

学生以组为单位，在组长的带领下，利用万用表及目测对时间继电器进行检测，并填写表格。

1. 找出时间继电器瞬时触头、延时触头和线圈触头的位置。

2. 测出时间继电器动作与没有动作情况下各触头间的阻值。

3. 人为使时间继电器的线圈吸合，区分延时闭合和延时分断触头，并调节延时时间。

| 检查项目 | 动作前阻值 | 动作后阻值 | 是否损坏 | 损坏的可能原因 |
|---|---|---|---|---|
| 找出瞬时触头，观察其动作过程并测量阻值 | | | | |
| 找出延时触头，观察其动作过程并测量阻值 | | | | |
| 找出线圈触头并测量阻值 | | | | |

## 二、按图完成电路安装

### 学习与思考

1. 元器件的安装方法及工艺要求

2. 布线的工艺要求

3. 安装电气控制线路的方法和步骤

4. 电气控制线路安装时的注意事项

教学活动五　检查控制

### 学习目标

1. 掌握通电试车的步骤。

2. 了解双速控制线路运行故障的种类和现象，能应用电阻检测法进行线路故障的排除。

### 学习地点

电工实训室

### 学习课时

2课时

### 学习过程

## 一、通电试车

1. 通电前检查

（1）主电路接线检查。按电路图或接线图从电源端开始，逐段核对接线有无漏接、错接之处，检查导线接点是否符合要求，压接是否牢固。

（2）控制电路接线检查。用万用表电阻挡检查控制电路接线情况。

（3）断开主电路，将表笔分别搭在U11、V11线端上，读数应为"∞"。按下点动按钮SB时，万用表读数应为接触器线圈的直流电阻值（如CJ10－10线圈的直流电阻值约为1800Ω）；松开SB，万用表读数应为"∞"。然后断开控制电路再检查主电路有无开路或短路现象，此时可用手动来代替按钮进行检查。

2.通电试车

学生独立完成，教师引导。

（1）为保证人身安全，在通电试车时，要认真执行安全操作规程的有关规定，经老师检查并现场监护。

（2）接通三相电源L1、L2、L3，合上电源开关QS，用电笔检查熔断器出线端，氖管亮说明电源接通。按下SB，观察接触器情况是否正常，是否符合线路功能要求，观察电器元件动作是否灵活，有无卡阻及噪声过大现象，观察电动机运行是否正常。若有异常，立即停车检查。

## 二、故障检修

### 学习与思考

1.电气故障检修的一般方法：

2.常见故障分析

（1）合上电源开关QS，按下按钮SB，低速启动正常，延时时间到但不能切换至高速运行

故障原因：时间继电器触头接触或接触不良。

解决方法：改正接线错误的部分接线。

（2）按下按钮SB，按下按钮SB，启动正常，运行不正常

故障原因：电动机定子绕组接线错误、两相熔断器接触不良或熔丝熔断

解决方法：提供电源、拧紧元件、更换熔丝、更改错误接线、接触不良的使其接触良好。

（3）按下按钮SB，接触器吸合，电机缺相运行

故障原因：熔断器FU1熔断丝熔断或接触不良、交流接触器主触头接触不良。

解决方法：更换熔丝、接触不良的使其接触良好。

3.交叉设置故障，进行检修训练

在配线板上人为设置1~2处模拟导线接触不良、压绝缘层、接头氧化等形成的隐蔽故障的断路故障，可设置在控制电路中也可设置在主电路中。

## 三、验收

**金华市高级技工学校设备维修验收单**

| 报修记录 | | | | | |
|---|---|---|---|---|---|
| 报修部门 | | 报修人 | | 报修时间 | |
| 报修级别 | 特急□ 急□ 一般□ | | 希望完工时间 | 年 月 日以前 | |
| 故障设备 | | 设备编号 | | 故障时间 | |
| 故障状况 | | | | | |

| 维修记录 | | | | | |
|---|---|---|---|---|---|
| 接单人及时间 | | | 预定完工时间 | | |
| 故障原因 | | | | | |
| 维修类别 | | 小修□ | 中修□ | 大修□ | |
| 维修情况 | | | | | |
| 维修起止时间 | | | 工时总计 | | |
| 耗用材料名称 | 规格 | 数量 | 耗用材料名称 | 规格 | 数量 |
| | | | | | |
| | | | | | |
| 维修人员建议 | | | | | |

| 验收记录 | | | | |
|---|---|---|---|---|
| 验收部门 | 维修开始时间 | | 完工时间 | |
| | 维修结果 | | 验收人： 日期： | |
| 设备部门 | | | 验收人： 日期： | |

注：本单一式两份，一联报修部门存根，一联交维修部门。

**教学活动六 评价反馈**

## 学习目标

1. 自查生产现场管理7S标准执行力。

2. 提高自我学习、信息处理、数字应用等方法能力及与人交流、与人合作、解决问题等社会能力。

## 学习地点

电工实训室

## 学习课时

2课时

## 学习过程

### 一、小组展示学习成果

每小组派一名代表讲解本组负责检修车床的故障现象，逻辑分析得出的故障范围，检测结果及故障排除情况，自我评定评价表中各项成绩，并说明理由。

### 二、小组互评学习任务完成情况（为评价表中的每项评分），并说明理由

### 三、教师评价

教师根据各小组任务完成情况给出各小组本任务综合成绩。

## 四、工作总结

## 学习任务评价表

| 序号 | 主要内容 | | 考核要求 | 评分标准 | 配分 | 自我评价 | 小组互评 | 教师评价 |
|---|---|---|---|---|---|---|---|---|
| 1 | 职业素质 | 劳动纪律 | 按时上下课，遵守实训现场规章制度 | 上课迟到、早退、不服从指导老师管理，或不遵守实训现场规章制度扣1～7分 | 7 | | | |
| | | 工作态度 | 认真完成学习任务，主动钻研专业技能 | 上课学习不认真，不能按指导老师要求完成学习任务扣1～7分 | 7 | | | |
| | | 职业规范 | 遵守电工操作规程及规范 | 不遵守电工操作规程及规范扣1～6分 | 6 | | | |
| 2 | 专业技能 | 选择检测器材 | 1. 按考核图提供的电路及电机功率，选择安装器材的型号规格和数量并填写在元器件明细表中<br>2. 检测元器件 | 1. 接触器、熔断器、热继电器，选择不当每件扣2分，其它器材选择不当每件扣1分<br>2. 元器件检测失误每件扣2分 | 10 | | | |
| | | 安装工艺 | 1. 元件布局合理、整齐<br>2. 布线规范、整齐，横平坚直<br>3. 导线连线紧固、接触良好 | 1. 元件布局不合理安装不牢固，每处扣2分<br>2. 布线不合理，不规范，接线松动，露铜反圈，接触不良等每处扣1分 | 10 | | | |
| | | 安装正确及通电试车 | 1. 按图接线正确<br>2. 正确调整热继电路的整定值，并填写在元器件明细表中<br>3. 通电试车一次成功<br>4. 通电操作步骤正确 | 1. 热继电器整定值调整不当扣2分<br>2. 未按图接线，或线路功能不全每处扣10分<br>3. 在额定时间内允许返修一次，扣10分<br>4. 通电试车步骤不正确扣2～10分 | 30 | | | |
| | | 故障分析及排除 | 分析故障原因，思路正确，能正确查找故障并排除 | 1. 实际排除故障中思路不清楚，每个故障点扣3分<br>2. 每少查出一个故障点扣5分<br>3. 每少排除一个故障点扣3分<br>4. 排除故障方法不正确，每处扣5分 | 20 | | | |
| 3 | 创新能力 | | 工作思路、方法有创新 | 工作思路、方法没有创新扣10分 | 10 | | | |
| | | | | 合计 | 100 | | | |
| 备注 | | | | 指导教师签字 | | 年　月　日 | | |

# 任务六

# 三相异步电动机制动控制
# 线路安装与维修

# 工作任务单

　　金工车间C5225车床工作台主拖动电动机控制电路出现问题，需进行维修。经维修电工检查后发现，该机床工作台主拖动电动机制动控制电路已烧毁，需重新进行布线安装。现车间将任务交于维修电工班完成，维修电工班长安排正在实习的学生安装此电路，要求在接到任务后3个工作日内完成并交付负责人。

　　任务实施过程中，应严格遵循《机械制图》GB4457—4460—84、《电气图用图形符号》GB4728.1—85、《低压配电设计规范》GB50054—2011、电气安全工作规程、电气工程安装规程、《电气装置安装工程电气设备交接试验标准》 GB50150—2006。维修部门任务通知单如下：

### 金华市高级技工学校维修部门协作通知单

存根联： No：

| 报修部门 | | 报修人员 | |
|---|---|---|---|
| 维修地点 | 金工车间实训室 | | |
| 通知时间 | | 应完成时间 | |
| 维修（加工）内容 | C5225车床控制电路出现问题，需进行维修。 | | |

### 金华市高级技工学校维修部门协作通知单

通知联： No：

| 协作部门 | □数控教研组 ☑电气教研组 □机电教研组 □模具教研组 | |
|---|---|---|
| 报修部门 | | |
| 维修地点 | | 报修人员 |
| 通知时间 | | 应完成时间 |
| 维修（加工）内容 | | 教研组主任签名： |
| 备注 | 1. 教研组及时安排好协作人员。<br>2. 协作人员收到此单后，需按规定时间完成。<br>3. 协作人员工作完毕，认真填好验收单，请使用人员验收签名后交回维修部门。 | |

## 学习目标

1. 通过阅读、分析任务单，确认设备类别、安装要求等，通过勘查现场了解、核实现场情况、记录现场数据。

2. 根据任务要求，明确工作内容、工作步骤的工时、人员组织等，与小组成员共同制定出项目工作计划。

3. 正确使用电工常用工具，并根据任务要求，列举所需工具和材料清单，准备工具。

4. 根据现场环境和用户要求确定布线方式，根据设备类别，利用"需要系数法"确定计算负荷，根据现场数据及计算负荷确定导线规格数量、开关及保护器件等。依据《低压配电设计规范》等和用户要求确定配电方案（电线穿管暗敷设方式、电气图纸、设备材料清单）。

5. 依照《电气装置安装工程电气设备交接试验标准》、《建筑电气工程施工质量验收规范》配合验收，并整理竣工文件材料，移交给用户。

6. 配电方案应体现环保节能意识，项目实施过程应执行7S标准。

7. 能进行自检并自我完善，能相互沟通明确改进方向。

## 学习时间

18课时

工作流程与活动：

教学活动一：明确任务（1课时）

教学活动二：制定计划（1课时）

教学活动三：工作准备（4课时）

教学活动四：实施计划（8课时）

教学活动五：检查控制（2课时）

教学活动六：评价反馈（2课时）

## 学习地点

电工实训室

## 学材

《电力拖动基本控制线路》教材，学生学习工作页，电工安全操作规程，《GB50150—2006电气设备安装标准》。

教学活 动一 明确任务

## 学习目标

通过阅读、分析任务单，确认设备类别、安装要求等。

## 学习地点

电工实训室

## 学习课时

1课时

## 学习过程

## 一、认真阅读工作情景描述及任务单，完成以下内容。

任务单

编号： 006

| 设备名称 | 双柱立式车床 | 制造厂家 | 大连机床厂 | 型号规格 | C5225 |
|---|---|---|---|---|---|
| 设备台数 | 30 | | | | |
| 主驱动电动机型号 | JQO2-19-6 | 主驱动电动机额定功率 | 55kW | 额定电压 | 3×380V |
| 油泵电动机型号 | JO2-31-4T2 | 油泵电动机功率 | 2.2kW | 额定电压 | 3×380V |
| 供电方式 | 三相四线制供电方式 | | | | |
| 施工项目 | 安装C5225车床工作台主驱动电动机能耗制动控制电路，并进行调试及检修。 | | | | |
| 开工日期 | | 竣工日期 | | 施工单位 | |
| 验收日期 | | 验收单位 | | 接收单位 | |
| 车间用电设备的基本情况介绍 | | | | | |

问题1：设备的名称型号是什么，共有几台设备？

_____

问题2：描述工作台主驱动电动机怎样运行？

_____

_____

_____

问题3：该设备的制动方式有几种方式？

_____

_____

_____

## 二、根据工作任务单中的设备类型和电动机额定功率

问题1：查阅相关资料，明确安装设备属于何种电气制动的类型。

_____

_____

问题2：查阅资料，判断一下这种电气制动方式有哪些优点？

_____

_____

_____

### 小提示

制动：制动就是给电动机一个与转动方向相反的转矩使它迅速停转（或限制其转速）。分为机械制动与电力制动。电动机断开电源后，利用机械装置产生的反作用力矩使其迅速停转的方法叫机械制动，机械制动常用的方法有电磁抱闸制动器制动和电磁离合器制动。电动机在切断电源停转的过程中，产生一个和电动机实际旋转方向相反的电磁力矩（制动力矩），迫使电动机迅速制动停转的方法叫电力制动。电力制动常用的方法有：反接制动、能耗制动、电容制动和再生发电制动等。

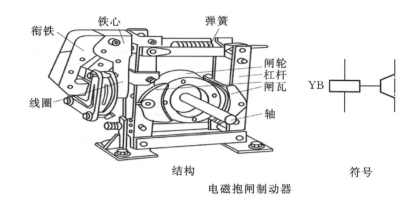

结构                    符号

电磁抱闸制动器

## 学习目标

根据任务要求，明确工作内容、工作步骤的工时、人员组织等，与小组成员共同制定出工作计划。

## 学习地点

电工实训室

## 学习课时

1课时

## 学习过程

### 一、学生分组（每小组6人）

1. 在教师指导下，自选组长，由组长与班里同学协商，组成学习小组，确定小组名称。

分组名单

| 小组名 | 组长 | 组员 |
|---|---|---|
| | | |
| | | |
| | | |
| | | |
| | | |
| | | |
| | | |

2. 确定小组各成员职责

| 小组成员 | 姓名 | 职责 |
|---|---|---|
| 组长 | | |
| 安全员 | | |
| 工具员 | | |
| 材料员 | | |
| 组员 | | |
| 组员 | | |

# 二、根据工作任务制定工作计划

工作计划表

| 序号 | 工作内容 | 工期 | 人员安排 | 地点 | 备注 |
|---|---|---|---|---|---|
| | | | | | |
| | | | | | |
| | | | | | |
| | | | | | |
| | | | | | |
| | | | | | |
| | | | | | |

教学活动三　工作准备

## 学习目标

1. 能耗制动的基本概念及工作原理。
2. 整流电路的工作原理。
3. 能耗制动控制电路的电路组成及工作原理。
4. 能耗制动控制电路的特点及适用场合。
5. 元器件选用方法。
6. 元器件和材料清单的填写方法。

## 学习地点

电工实训室

## 学习课时

4课时

## 学习过程

## 学习与思考

### 一、学一学

1. 反接制动

依靠改变电动机定子绕组的电源相序来产生制动力矩，迫使电动机迅速停转的方法叫反接制动。其制动原理如图6-1所示。

反接制动适用于10kW以下小容量电动机的制动，并且对4.5kW以上的电动机进行反接制动时，需在定子绕组回路中串入限流电阻$R$，以限制反接制动电流如图6-2所示。

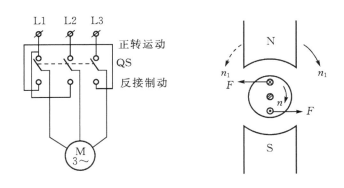

图6-1　反接制动原理图

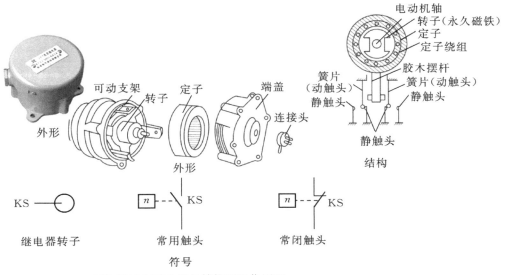

JY1 型速度继电器的结构和工作原理

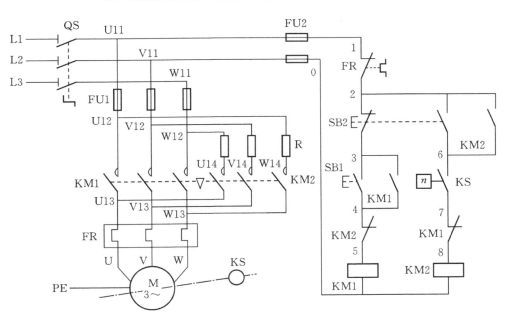

图6-2　反接制动控制线路

速度继电器是反映转速和转向的继电器，其主要作用是以旋转速度的快慢为指令信号，与接触器配合实现对电动机的反接制动控制，故又称为反接制动继电器。

2. 能耗制动

定义：当电动机切断电源后，立即在定子绕组的任意两相中通入直流电，迫使电动机立即停转的方法叫能耗制动。

制动原理：

能耗制动原理图如图6-3所示。

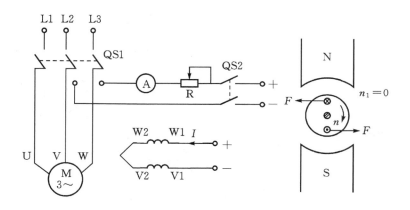

图6-3  能耗制动原理

当电动机停转后，立即在定子绕组的任意两相中通入直流电，惯性运转的电动机转子切割直流电产生的静止磁场的磁力线在转子绕组中产生感应电流，感应电流与静止磁场相互作用产生与电动机转动方向相反的电磁力矩，使电动机受制动迅速停转。

能耗制动特点：能耗制动虽然制动准确、平稳，且能量消耗较小，但需附加直流电源装置，制动力较弱，在低速时制动力矩小。能耗制动一般用于要求制动准确、平稳的场合。

3. 单向启动能耗制动控制电路

（1）无变压器单相半波整流控制电路

电路原理图如图6-4所示。

工作原理：

① 启动原理：（由学生分析）。

② 制动原理：（学生分析后老师归纳）。

按下停止按钮，常闭先分断，KM1失电触头复位，电动机断电惯性运行。常开后闭合，KM2、KT得电，KM2常开触头与主触头闭合，KT瞬时动作常开触头闭合，电动机能耗制动迅速停转。制动结束后，KT延时分断常闭触头延时分断，切断能耗制动直流电源。

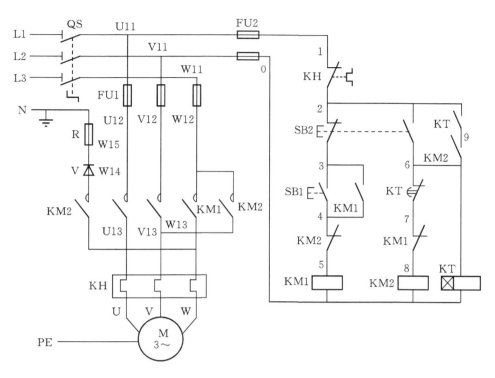

图6-4　无变压器单相半波整流单向启动能耗制动控制电路

**KT**常开触头的作用：**KT**出现线圈断线或机械卡住不会动作时，能使电动机制动结束后脱离直流电源。

（2）有变压器单向桥式整流控制电路

电路原理图如图6-5所示。

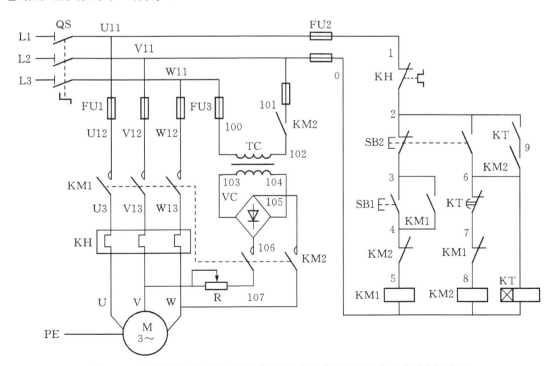

图6-5　有变压器单相桥式整流单向启动能耗制动自动控制电路图

电路性能特点：制动力矩比半波整流平稳，且大小可在一定范围内调节，整流变压器的一次侧与直流侧同时切换，有利于提高触头的使用寿命。

## 二、练一练

1. 什么是制动？简述制动类型，列举你所知道的制动的实例。

_____

_____

_____

_____

2. 什么是电力制动？有哪些电力制动？什么是能耗制动？

_____

_____

_____

_____

3. 电动机转速一般在_____ r / min 以上时，速度继电器就能动作并完成其控制功能，一般在_____ r / m in 以下时触点恢复原位。

4. 下图所示图形符号分别代表什么？

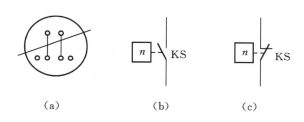

（a）　　　　　　　　（b）　　　　　　　（c）

（a）_____　　　　　　　（b）_____　　　　　　　（c）_____

5. 反接制动是利用改变异步电动机定子绕组上三相电源的相序，使定子产生_____ 旋转磁场作用于转子而产生强力制动力矩。反接制动优点是_____ 强，制动_____。缺点是制动_____ 差，制动过程中_____ 强烈，易损害传动零件，制动_____ 消耗大，不宜经常制动。

6. 能耗制动的原理是：在切除异步电动机的_____ 之后，立即在定子绕组中接入_____ 电源，转子切割_____ 磁场产生的感应电流与_____ 磁场作用产生制动力矩，使电动机高速旋转的动能消耗在转子电路中。当转速降为零时，切除直流电源，制动过程完毕。能耗制动的优点是能_____、_____ 停车，能量损耗小。缺点是_____ 时制动效果不好，制动力_____。

7．知识拓展，认识下列电路。

（1）如图6-6所示，单相半波整流电路

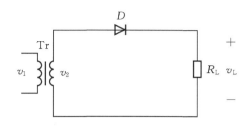

图6-6  单相半波整流电路

工作原理

在$V_2$正半周时，二极管导通，在$V_2$负半周时，二极管截止。

波形图如图6-7所示。

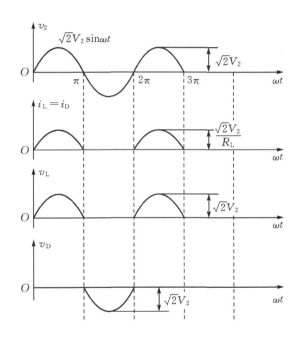

图6-7  单相半波波形图

输出电流

$$I_L = I_D = \frac{V_L}{R_L} = 0.45\frac{V_2}{R_L}$$

式（6-1）

上式说明，在半波整流情况下，负载上所得的直流电压只有变压器次级绕组电压有效值的45%。如果考虑二极管的正向电阻和变压器等效电阻上的压降，则$V_L$数值还要略低一些。

（2）单相桥式整流电路，如图6-8所示。

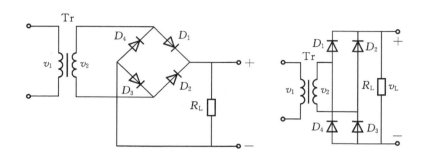

图6-8　单相桥式整流电路

工作原理

当正半周时二极管$D_1$、$D_3$导通，在负载电阻上得到正弦波的正半周。当负半周时二极管$D_2$、$D_4$导通，在负载电阻上得到正弦波的负半周。

波形图如图6-9所示。

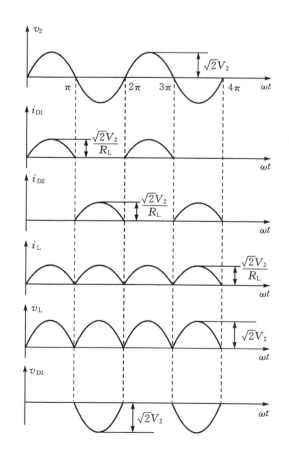

图6-9　单相桥式整流电路波形图

输出电流

$$I_L = \frac{0.9V_2}{R_L}$$
　　　　　　　　　　　　　　　　　　　　　式（6-2）

在负载电阻上正负半周经过合成，得到的是同一个方向的单向脉动电压。

反接制动 利用速度继电器控制正反转接触器，改变电动机定子绕组的电源相序来产生制动力矩，迫使电动机迅速停止。优点"制动力强，制动迅速"。缺点"制动准确性差，制动过程中冲击强烈，易损坏传动零件，制动能量消耗大，不宜经常制动的场所"。

能耗制动 利用整流电路，当电动机断开电源时，在电动机定子绕组任意两相通入直流电，迫使电动机迅速停止的制动方法。优点："制动准确，平稳，且能量消耗小"。缺点："制动力弱，在低速时制动力矩小"。

电容器制动 利用电容器，当电动机断开电源后，在电动机定子绕组的出线端接入电容器来迫使电动机迅速停止。优点："制动迅速，能量损耗小，设备简单"。缺点："制动力弱，适合10KW以下电动机"。

再生发电制动 利用起重机机械能或多速的势能使电动机转变为发电制动状态，使电动机迅速停止。优点："经济快速"。缺点"应用范围窄"。

## 二、电路分析

### 学习与思考

1. 分析图6-9半波能耗制动控制线路的工作原理。

_____

_____

_____

_____

_____

_____

_____

_____

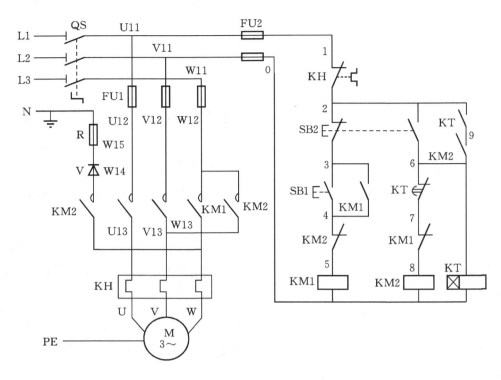

图6-10　三相异步电动机半波能耗制动控制线路原理图

（1）电路图中出现的基本元器件有哪些？有何作用？

_____

_____

_____

_____

（2）从KM2和V、R组成为_____电路。N为_____。

（3）电路能实现那些保护？

_____

_____

_____

_____

（4）电路是如何工作的（即工作原理）？停止时对电动机实现哪种控制功能？

_____

_____

_____

## 三、绘制元器件布置图和接线图

1. 根据图6-10所示原理图绘制元器件布置图。

2. 根据图6-10所示原理图绘制接线图。

## 四、元器件的选用

1. 变压器的选用原则？

2. 整流二极管的选用原则？

3. 时间继电器安装与调试？

4. 降压电阻怎样选择？

## 五、材料清单购置表

金华市 技师学院 （金华市工业干校）
高级技工学校 （金华市工业中专）

（ ）类财产申购单

财产类别：

| 序号 | 名称 | 厂家、型号、规格 | 单位 | 数量 | 单价（元） | 金额（元） |
|------|------|------------------|------|------|------------|------------|
| 1 | | | | | | |
| 2 | | | | | | |
| 3 | | | | | | |
| 4 | | | | | | |
| 5 | | | | | | |
| 6 | | | | | | |
| 7 | | | | | | |
| 8 | | | | | | |
| 9 | | | | | | |
| 10 | | | | | | |
| 11 | | | | | | |
| 12 | | | | | | |
| 13 | | | | | | |
| 14 | | | | | | |
| 15 | | | | | | |
| 合计金额 | | | | | | |

需购部门意见：

审查人＿＿＿＿

主管部门或领导审核意见：

审核人＿＿＿＿

审批人意见：

审批人＿＿＿＿

申请（制表）人：

第1页 共1页

## 教学活动四　实施计划

### 学习目标

1. 掌握电器元件的检查方法，熟悉安装工艺。
2. 熟悉电动机控制电路的一般安装步骤，学会安装半波能耗制动控制电路。

### 学习地点

电工实训室

### 学习课时

8课时

### 学习过程

## 一、元器件的自检

学生以组为单位，在组长的带领下，利用万用表及目测对每组发的交流接触器和按钮检测，并填写表格。

1. 找出交流接触器主触头、辅助常开、常闭和线圈触头的位置。
2. 测出交流接触器动作与没有动作情况下各触头间的阻值。
3. 找出已损坏的交流接触器，并指出损坏的部位。
4. 找出按钮的常开和常闭触头并测出动作前后的阻值。
5. 找出已损坏的按钮并指出损坏部位。
6. 思考损坏的元器件可能的损坏原因。

| 检查项目 | 动作前阻值 | 动作后阻值 | 是否损坏 | 损坏的可能原因 |
| --- | --- | --- | --- | --- |
| 找出交流接触器主触头并测量阻值 | | | | |

| 找出辅助常开触头并测量阻值 | | | | |
|---|---|---|---|---|
| 找出辅助常闭触头并测量阻值 | | | | |
| 找出线圈触头并测量阻值 | | | | |
| 找出按钮的常开触头并测量阻值 | | | | |
| 找出按钮的常闭触头并测量阻值 | | | | |
| 找出整流二极管并测量阻值 | | | | |
| 找出降压电阻并测量阻值 | | | | |
| 找出时间继电器并测量线圈阻值 | | | | |

## 二、按图6-10完成电路安装

学习与思考

1. 本任务元器件的安装方法及工艺要求。

_____

_____

_____

_____

_____

_____

_____

_____

_____

2. 本任务布线的工艺要求。

_____

_____

3. 本任务电气控制线路的方法和步骤。

4. 本任务电气控制线路安装时的注意事项。

教学活动五　检查控制

## 学习目标

1. 掌握通电试车的步骤。

2. 了解能耗制动连续控制线路运行故障的种类和现象，能应用电阻检测法进行线路故障的排除。

## 学习地点

电工实训室

## 学习课时

2课时

## 学习过程

# 一、通电试车

1. 通电前检查

_____

_____

_____

_____

_____

_____

_____

_____

_____

_____

2.通电试车

学生独立完成，教师引导。

（1）为保证人身安全，在通电试车时，要认真执行安全操作规程的有关规定，经老师检查并现场监护。

（2）接通三相电源L1、L2、L3，合上电源开关QF，用电笔检查熔断器出线端，氖管亮说明电源接通。按下SB1，观察接触器KM1情况是否正常，是否符合线路功能要求，观察电器元件动作是否灵活，有无卡阻及噪声过大现象，观察电动机运行是否正常。若有异常，再进行停车制动。按下SB2，观察接触器KM2与KT是否正常。电动机是否制动停止。

## 二、故障检修

### 学习与思考

1.电气故障检修的一般方法参照课题一进行。

2.常见故障分析

（1）合上电源开关QS，电动机运行正常，当按下SB2时KM2不吸合，电动机制动失效。

故障原因：

① 停止按钮SB2常开触头接触不良或连接线断路。

② 接触器KM1辅助常闭触头接触不良。

③ 接触器KM2线圈断路。

④ 时间继电器KT延时分断常闭触头接触不良或损坏。

解决方法：先按住停止按钮SB2看KT线圈是否得电，如不得电则为故障。如果得电则重点查6—KT—7—KM1—8—KM2线圈--0 支路上的元件和线号。

（2）按下按钮SB1，接触器KM1不吸合，电机不转。

故障原因：控制回路L1、L2没有、两相熔断器接触不良或熔丝熔断、常开按钮接触不良或接错、交流接触器线圈断路或接触不良。

解决方法：提供电源、拧紧元件、更换熔丝、修理按钮、更换接触器、接触不良的使其接触良好。

（3）按下按钮SB2，接触器KM2吸合，电机不能制动。

故障原因：整流二极管或降压电阻烧断、交流接触器KM2主触头接触不良。

解决方法：更换整流二极管或降压电阻、接触不良的使其接触良好。

### 3. 交叉设置故障，进行检修训练

在配线板上人为设置1~2处模拟导线接触不良、压绝缘层、接头氧化等形成的隐蔽故障的断路故障，可设置在控制电路中也可设置在主电路中。

## 三、验收

**金华市高级技工学校设备维修验收单**

| 报修记录 | | | | | | | |
|---|---|---|---|---|---|---|---|
| 报修部门 | | 报修人 | | 报修时间 | | | |
| 报修级别 | 特急□ 急□ 一般□ | | 希望完工时间 | | 年 月 日以前 | | |
| 故障设备 | | 设备编号 | | 故障时间 | | | |
| 故障状况 | | | | | | | |

| 维修记录 | | | | | | | |
|---|---|---|---|---|---|---|---|
| 接单人及时间 | | | 预定完工时间 | | | | |
| 故障原因 | | | | | | | |
| 维修类别 | | 小修□ | | 中修□ | | 大修□ | |
| 维修情况 | | | | | | | |
| 维修起止时间 | | | 工时总计 | | | | |
| 耗用材料名称 | 规格 | 数量 | 耗用材料名称 | 规格 | | 数量 | |
| | | | | | | | |
| | | | | | | | |
| | | | | | | | |
| 维修人员建议 | | | | | | | |

| 验收记录 | | | | |
|---|---|---|---|---|
| 验收部门 | 维修开始时间 | | 完工时间 | |
| | 维修结果 | | 验收人： 日期： | |
| | 设备部门 | | 验收人： 日期： | |

注：本单一式两份，一联报修部门存根，一联交维修部门。

**教学活动六 评价反馈**

### 学习目标

1. 自查生产现场管理7S标准执行力。

2. 提高自我学习、信息处理、数字应用等方法能力及与人交流、与人合作、解决问题等社会能力。

### 学习地点

电工实训室

### 学习课时

2课时

### 学习过程

## 一、小组自我评价

以小组为单位，选择演示文稿、展板、录像等形式中的一种或几种，向全班展示、汇报学习成绩，并根据学习任务评价表进行自我评定评价，且说明理由。

## 二、小组互评

根据每个小组的学习任务和完成情况进行互评（为评价表中的每项评分），并说明理由。

## 三、教师评价

教师根据各小组任务完成情况给出各小组本任务综合成绩，以及给1~10分的奖励，并说明理由。

## 四、工作总结

学习任务评价表

班级：_____ 姓名：_____ 学号：_____ 任务名称：_____

| 序号 | 考核内容 | | 考核要求 | 评分标准 | 配分 | 自我评价（10%） | 小组互评（40%） | 教师评价（50%） |
|---|---|---|---|---|---|---|---|---|
| 1 | 职业素养 | 劳动纪律 | 按时上下课，遵守实训现场规章制度 | 上课迟到、早退、不服从指导老师管理，或不遵守实训现场规章制度扣1～5分 | 5 | | | |
| | | 工作态度 | 认真完成学习任务，主动钻研专业技能 | 上课学习不认真，不能主动完成学习任务扣1～5分 | 5 | | | |
| | | 职业规范 | 遵守电工操作规程及规范及现场管理规定 | 不遵守电工操作规程及规范扣1～10分<br>不能按规定整理工作现场扣1～5分 | 10 | | | |
| 2 | 明确任务 | | 填写工作任务相关内容 | 工作任务内容填写有错扣1～5分 | 5 | | | |
| 3 | 制订计划 | | 计划合理、可操作 | 计划制订不合理、可操作性差扣1～5分 | 5 | | | |
| 4 | 工作准备 | | 掌握完成工作需具备的知识技能要求 | 按照回答的准确性及完成程度评分 | 20 | | | |

| | | | | | | | |
|---|---|---|---|---|---|---|---|
| 5 | 任务实施 | 电路安装接线工艺 | 遵照电工作业规范，在配线板上完成电路的安装与接线工作 | 1. 元件布局不合理安装不牢固，每处扣1分<br>2. 布线不进行线槽，不美观，每处扣1分<br>3. 损坏元件，每件扣2分<br>4. 接点松动、露铜过长、反圈、压绝缘层，标记线号不清楚、遗漏或误标，引出端无别径压端子，每处扣1分<br>5. 损伤导线绝缘或线芯，每根扣1分 | 5 | | |
| | | 通电试车 | 1.按图接线正确<br>2.正确调整热继电路的整定值<br>3.通电试车一次成功<br>4.通电操作步骤正确 | 1. 未按图接线，或线路功能不全每处扣5分<br>2. 热继电器整定值调整不当扣2分<br>3. 在额定时间内允许返修一次，扣10分<br>4. 通电试车步骤不正确扣2～10分 | 20 | | |
| | | 故障检修 | 分析故障原因，思路正确，能正确查找故障并排除 | 1. 实际排除故障中思路不清楚，每个故障点扣3分<br>2. 每少查出一个故障点扣5分<br>3. 每少排除一个故障点扣3分<br>4. 排除故障方法不正确，每处扣5分 | 10 | | |
| 6 | 团队合作 | | 小组成员互帮互学，相互协作 | 团队协作效果差扣1～5分 | 5 | | |
| 7 | 创新能力 | | 能独立思考，有分析解决实际问题能力 | 1. 工作思路、方法有创新，酌情加分<br>2. 工作总结到位，酌情加分 | 10 | | |
| | | | | 合计 | 100 | | |
| | | | | 综合成绩 | | | |
| 备注 | 各子项目评分时不倒扣分 | 指导教师综合评价 | 指导老师签名：<br><br>年　月　日 | | | | |

# 参考文献

[1]  黄清锋. 机床电气控制线路安装与维修[M]. 北京：中国劳动社会保障出版社，2014.

[2]  吴浙栋，黄清锋，金晓东. 电力拖动控制线路安装训练题[M]. 河南：郑州大学出版社，2017.

[3]  李敬梅. 电力拖动控制线路与技能训练（第五版）[M]. 北京：中国劳动社会保障出版社，2014.

[4]  谢京军. 电力拖动控制线路与技能训练课教学参考书[M]. 北京：中国劳动社会保障出版社，2008.

[5]  李敬梅. 电气基本控制线路安装与维修[M]. 北京：中国劳动社会保障出版社，2012.

[6]  曾祥富，陈亚林. 电气安装与维修项目实训[M]. 北京：高等教育出版社，2012.

[7]  郭晓波. 电机与电力拖动[M]. 北京：北京航空航天大学出版社，2007.

[8]  黄净. 电器及PLC控制技术[M]. 北京：机械工业出版社，2002.